KB083520

에미 뇌터

그녀의 좌표

Original title: El árbol de Emmy. Emmy Noether, la mayor matemática de la historia, published in spanish by Plataforma Editorial S. L. in 2019

아드리아나, 클라우디아, 도르레타, 에디스, 엘레나,

호세, 라우라, 노에미, 로시오, 실비아에게

〈일러두기〉

1. 인명, 지명, 기관명 등은 국립국어원의 외래어 표기법에 따랐고, 수학 용어는 대한수학회 '수학용어사전'을 기준으로 삼았습니다. 단, 관례로 굳어진 경우 관례를 따랐습니다.
2. 책 제목은 『 』, 논문 제목은 「 」, 잡지명은 《 》, 강연 및 예술 작품 제목은 〈 〉로 표기하였습니다.
3. 책에 있는 모든 주석은 옮긴이 주로서, 번역 및 편집 과정에서 추가한 것입니다. 옮긴이 주가 짧은 경우에는 본문에 괄호로 넣었습니다. 단, 본문의 괄호 중 '옮긴이' 표시가 없는 것은 저자의 글입니다.
4. 뒤표지에 인용한 아인슈타인의 글은 『현대 수학의 아버지 힐베르트』(사이언스북스, 2005)에 있는 이일해의 번역을 따랐습니다.

에미 뇌터, 그녀의 좌표

1판 1쇄 인쇄 2022년 3월 2일 **1판 1쇄 펴냄** 2022년 3월 14일

지은이 에두아르도 사엔스 데 카베손 **옮긴이** 김유경 **감수** 김찬주
펴낸이 이희주 **편집** 이희주 **교정** 김란영 **디자인** 전수련
펴낸곳 도서출판 세로 **출판등록** 제2019-000108호(2019. 8. 28.)
주소 서울시 송파구 백제고분로 7길 7-9, 1204호 **전화** 02-6339-5260
팩스 0504-133-6503 **전자우편** serobooks95@gmail.com

ISBN 979-11-970200-8-7 03400

에미 뇌터 그녀의 좌표

에두아르도 사엔스 데 카베손
김유경 옮김 김찬주 감수

El árbol de Emmy

세로

에미 뇌터를 본격적으로 소개하는 반가운 책

교양과목으로 물리를 강의할 때 학생들에게 종종 내는 숙제가 있습니다. 1935년 5월 5일자 《뉴욕 타임스》에 실린 아인슈타인의 글을 번역하는 숙제입니다. 이것은 아인슈타인이 자신의 업적을 소개하는 글이 아닙니다. 3주 전에 세상을 떠난 수학자 한 분을 추모하는 글입니다. 에미 뇌터가 바로 그분입니다.

아인슈타인이 추모의 글에서도 밝혔듯이, 에미 뇌터는 흔히 역사상 가장 위대한 여성 수학자로 불립니다. 그녀는 현대 추상 대수학의 개척자로서 수학의 역사에 지워지지 않는 발자취를 남겼습니다. '뇌터의 정리'로 널리 알려진 물리학에서의 기여도 그에 못지않습니다. 그녀는 어떤 물리 이론에 연속적인 대칭성이 있으면 그에 해당하는 보존 법칙이 존재한다는 사실을 증명했습니다. 이는 오늘날 현대 물리학 이론의 기본 철학 한가운데에 자리하고 있는 불멸의 성과이자, 저를 포함하여 모든 이론물리학자의 사유 방식을 결정지은 업적입니다.

수학과 물리학에 남긴 빛나는 업적과 대조적으로, 여성이자 유대인이었던 뇌터의 삶은 만만치 않았습니다. 대학에서는 정식 학생으로 수학을 배울 수 없어 청강생으로 학업을 시작했습니다. 우여곡절 끝에 박사 학위를 받았으나, 처음에는 강의도 할 수 없었습니다. 그녀는 편견과 차별, 인생의 고비마다 닥쳐오는 시련을 오직 실력으로 극복했습니다.

사후에도 에미 뇌터는 일반인에게 그리 널리 알려지지 않았습니다. 특히 우리나라에서 그녀를 본격적으로 소개하는 책은 출판된 적이 없었던 것 같습니다. 차별과 무시의 삶이 사후에도 이어지는 것이 아닌지, 저는 때때로 안타까웠습니다. 제 수업에서 그녀의 업적을 소개한 뒤 아인슈타인이 쓴 부고 번역을 숙제로 내 주곤 했던 것도, 적어도 학생들에게만은 이런 부당함을 알리고 싶어서였습니다.

이 책은 에미 뇌터의 삶과 학문적 업적을 다루는 무척 반가운 책입니다. 저자인 에두아르도 사엔스 데 카베손은 스페인의 수학자로 수학 대중화를 위한 다양한 활동을 하고 있습니다. 그는 이런 경험을 적극적으로 살려서, 때로는 소설처럼 때로는 영화처럼 에미 뇌터의 삶을 섬세하고 따뜻한 시선으로 조명합니다.

더 나아가 이 책은 4,000년 전 수메르의 엔헤두안나에서 2014년 여성 최초의 필즈상 수상자 마리암 미르자하니에 이르기까지, 역사 속에 흩어져 있던 다른 여성 수학자 15인의 전기이기도 합니다. 에미 뇌터의 성장 과정 사이사이에 '아기돼지삼형제'라는 이름으로

SNS 활동을 벌이고 있는 과학자 3인의 트위터 글 타래를 배치하였습니다. 여기서는 여러 여성 수학자들의 삶과 업적을 발굴하고, 이들이 어떻게 편견과 차별을 뚫고 탁월한 업적을 남겼는지 생동감 있게 소개합니다. 뇌터의 삶과 다른 여성 수학자들의 삶이 함께 펼쳐지며 긴 여운을 줍니다.

현대사는 인류의 삶 곳곳에 스며들어 있는 근거 없는 편견과 차별을 극복하는 역사였다고 할 수 있을 것입니다. 많은 차별이 사라졌지만, 지금도 극복의 역사는 계속되고 있습니다. 이런 관점에서, 에미 뇌터를 중심으로 여러 여성 수학자의 삶과 업적을 돌아보는 일은, 단순히 수학사에서 여성의 역할을 복원하는 것 이상의 의미가 있습니다. 이들의 빛나는 삶과 극복의 이야기가 이 시대를 살아가는 많은 사람에게 위안이 되고 큰 힘이 되기를 바랍니다.

김찬주
이화여자대학교 물리학과 교수

차례

나의 영웅,
에미 뇌터와 여성 수학자들

이것은 에미 뇌터Emmy Noether에 관한 책이자, 여성 수학자들에 관한 책이기도 하다. 이 책을 쓰게 된 계기는, 2017년 말에 한 달 동안 여성 수학자들을 위해 작성했던 트위터 글이었다. 나는 매일 여성 수학자의 이름과 사진을 트위터에 올리고, 사람들에게 이들에 대한 정보를 공유해 달라고 요청했었다. 그것은 매우 흥미로운 경험이었다. 특히 '아기돼지삼형제(과학 대중화에 힘쓰는 이론물리학자인 엔리케 보르하Enrique Borja, 수학자인 클라라 그리마Clara Grima와 알베르토 마르케스Alberto Márquez로 이루어진 팀)'는 이 일에 열정적으로 동참했다. 이들은 내가 언급한 여성 수학자들과 관련한 멋진 트위터 타래Twitter Threads를 만들었다. 그래서 플라타포르마 출판사의 호르디 나달Jordi Nadal과 마리아 알라시아María Alasia가 내게 여성 수학자들에 관한 책을 써 보자고 제안했을 때, 나는 머릿속으로 두 가지 분명한 기준을 세웠다. 첫 번째는 내가 가장 존경하는 여성 수학자 에미 뇌터가 책의 중심이 되어야 한다는 것이었다. 아마도 에미 뇌터는 여성이라는 이유만으로, 남긴 업적에 비해 가장 명성을 얻지 못한 과학자일 것이다. 두 번째는 '아기돼지삼형제'의 트위터 타래를 책에 포함시키는 것이었다. 이 책을 읽는 모든 독자가 책에 등장하는 여성 수학자들의 이름뿐 아니라 그들이 발전시킨 과학과 수학에 관해서도 조금이나마 관심을 갖게 되길 바랐기 때문이다.

따라서 이 책은 '끈이 달린 나무'라고 할 수 있다. 전체적으로 보면, 각 장은 이 책의 중심인 에미 뇌터의 일생을 따라, 그녀의 삶이라는 나무줄기를 따라 진행된다. 그리고 그와는 별도로 수학사에 이례적으로 이바지한 다른 여성 수학자들의 삶이 끈처럼 묶여 있다. 마지막으로, 각 장의 끝에는 이 여성 수학자들의 업적을 소개하는 '아기돼지삼형제'의 트위터 타래가 매달려 있다. '아기돼지삼형제'의 글은 한 장에서 다음 장으로 넘어갈 때 읽어도 되고, 책을 끝까지 다 읽은 뒤에 따로 읽어도 좋다.

내 안에서 추상적 사고의 힘을 일깨우고 나를 수학에 전념하도록 이끌었던 한 여성 수학자를 알리는 데 이 책이 도움이 되기를 바란다.

1

변환
Transformation

한 여성이 공원 벤치에 앉아 있다. 무릎 위에 얹힌 두 손, 앞의 나무 위에 걸친 무심한 시선. 존재감도 접촉도 없는 응시, 이는 의식을 배제한 단순한 물리적 현상이다. 나무의 의식은 물론이고, 여성의 의식도 관련이 없다. 실제로 이 여성은 나무가 거기에 없어도 별 상관 없고, 나무 또한 이 여성이나 다른 누군가가 있다 해도 전혀 신경 쓰지 않는다. 그들 사이에는 어떤 상호작용도 없다. 하지만 언뜻 보기에 정적인 두 생명체는 대칭적으로 서로 마주 보며 외부에서는 전혀 가늠하기 어려운 강력한 힘을 숨기고 있다.

우리는 공원에 앉아 있는 이 여성에 대해 아는 게 얼마 없지만, 머지않아 좀 더 알게 될 것이다. 지금은 단지 그녀의 이름과 나이, 이 4월의 오후에 벌어진 상황에만 관심을 둘 것이다. 이 여성의 이름이 중요한 이유는 그녀가 잘 알려진 실존 인물이기 때문이다. 그녀의 이름은 에미. 에미 뇌터Emmy Noether다. 아마도 이 장면에서 지어낼 수 없는 부분이 하나 있다면, 바로 이 이름일 것이다. 아무리 상상한다고 해도 이름까지 지어낼 수는 없다. 그걸 빼면, 지금 공원 벤치에 앉아서 나무를 바라보는 그녀의 모습을 상상하는 데 아무런 제한이 없다. 어쩌면 그녀는 뭔가를 보고 있는 게 아닐 수도 있다. 때때로 시야에 사물이나 나무 또는 사람이 들어와도, 보고 있다는 사실조차 인식하지 못할 때가 있지 않던가.

이 여성의 나이가 그렇게 중요한 건 아니지만, 이 또한 우리가 지어낼 수 없는 부분이다. 이것은 우리가 특정한 시간과 공간 속에 실제로 살았던 인물이자, 생명의 경계선을 너무 빨리 넘게 될 한 인물에 대해 이야기하고 있다는 사실을 잊지 않게 해 준다. 참, 이 문장에서 사용한 '너무'라는 단어에는 의견이 분분할 수도 있을 것 같다. 왜냐하면 그 단어는 수명에 대한 평가를 드러내고 있는데, 그것은 어떤 경우라도 우리가 판단할 수 있는 부분은 아니기 때문이다. 하지만 그럼에도 불구하고 '너무' 이른 죽음이라고 표현한 이유는, 앞으로 살펴보겠지만 우리는 그녀가 좀 더 오래 살길 바라게 될 것이기 때문이다. 그녀는 죽기 며칠 전에 쉰세 번째 생일을 맞았다. 물론 그 순간까지 그녀는 주어진 시간을 낭비하지 않았다.

그러므로 실제 상황이 우리의 상상과는 다소 다를지라도, 기본적으로 이 오후의 상황은 역사적 자료를 바탕으로 한다. 지금은 1935년 4월 초이고, 에미는 방금 골반에 종양이 있다는 진단을 받았다. 우리는 그녀가 이 결과를 오전에 들었는지 오후에 들었는지는 알 수가 없다. 하지만 당시 그녀가 자신이 살던 미국 브린 마르Bryn Mawr의 한 공원 벤치에 앉아 있었던 건 확실하다. 브린 마르라는 지명은 그녀와 관련된 또 다른 역사적 자료이다. 물론 그녀가 나무를 보고 있었는지 무릎 위에 두 손을 올리고 있었는지는 정확히 모른다. 그저 골반에 종양이 있다는 것만 알 뿐이다. 이런 진단을 받음으로써 그녀의 죽음은 더 분명하고 구체적인 사실이 되었다. 하나의 생각이 자료로 기록되면, 그것은 이미 존재하는 매우 실질적인 시공간, 즉 측정 가능한 차원을 얻는다. 과연 우리는 언제 처음으로 자기가 죽는다는 사실을 의식적으로 생각하게 될까? 그 순간은 늘 '너무' 빠르게 다가오고, 우리는 죽음 앞에서 할 말을 잃는다. 말을 한다 해도, 겨우 더듬더듬 할 수 있을 뿐이다. 하지만 그렇다고 죽음의 소리까지 듣지 못하는 건 아니다. 죽음은 우리에게 분명하게 말하고, 질문을 던지며, 자신의 삶을 평가하는 일에 초대한다. 내가 30년, 40년, 80년 아니면 그녀처럼 53년 동안 활동하고 살아왔다는 사실로 인해 세상에 어떤 변화가 생겼을까?

벤치에 앉아 있는 이 여성에 대해 조금 더 알아보자. 먼저 기준이 될 좌표를 정리해 보자. 그 당시의 이름은 많은 것을 말해 준다. 뇌터Noether는 독일식 이름이다. 에미는 미국에서 겨우 1년 반 남짓 살았다. 지금 우리는 1935년에 있고, 에미는 유대인이라는 사실을 잊지 말자. 히틀러는 1933년 1월에 독일 총통이 되었다. 참, 아직 하지 않은 말이 있는데, 최대한 빨리 하는 게 나을 것 같다. 에미 뇌터는 수학과 교수이다. 정확히 말하자면, 수학자이다. 학문 분야를 일컫는 단어 중에는 그 분야에서 활동하는 여성들을 뜻하는 것과 똑같은 단어가 있다. 예를 들면 'matematica(수학 또는 여성 수학자)' 또는 'musica(음악 또는 여성 음악가)'와 같은 단어들이다[1]. 그래서 어떤 여성들은 특별히 이런 점을 자랑스러워하며 "전 수학자matematica입니다" 또는 "저는 음악가musica입니다"라고 자신을 소개한다. 아무튼 에미는 수학자다. 좀 더 분명히 이야기하자면, 그녀는 당시 가장 두뇌가 뛰어난 사람 중 하나였다. 참고로 이때는 다른 시대에 비해 빛나는 두뇌들이 특히 더 많았다.

이 여성을 이해하는 데 도움이 될 만한 주요 좌표는 무엇일까? 다른 것보다 더 중요한 어떤 점이 있을까? 그녀는 본래 태어날 때부터 유대인이었을까? 독일계 유대인일까? 그녀는 천재성 덕분

1) 스페인어 명사는 성수가 구별되는데 '수학'이나 '음악'이라는 단어 자체가 여성형 단어로 규정되어 있다.

에 눈에 띄었던 걸까? 수학 교수는 독특한 직업일까? 하지만 지금이 상상 속 장면을 보고 유일하게 할 수 있는 말은 그녀가 방금 종양 진단을 받은 여성이라는 사실뿐이다. 암 선고에는 늘 뭔가 다른 형태의 고독감이 따른다. 하지만 그녀는 결코 고독한 사람이 아니었다. 그녀는 독자적인 여성이었지만, 고독하지는 않았다. 말하자면 나무와 비슷한데, 모든 나무는 사실상 집합체이기 때문이다. 비록 주변에 다른 나무들 없이, 공원 한가운데 혼자 심겨서 바로 앞에 앉아 있는 여자가 눈길조차 주지 않는다 해도 말이다.

에미는 안경을 쓰고 벤치에서 일어나 집으로 향한다. 수술 전에 준비해야 할 것들이 많다.

2

정체
Immobilism

그녀의 증조부는 사무엘Samuel에서 뇌터Nöther로, 그리고 다시 뇌터Noether로 이름을 바꾸었다. 당시 바덴 대공국Großherzogtum Baden[1] 에서는 유대인의 성姓이 허용되지 않았기 때문이다. 그 칙령[2]은 그들 조상의 뿌리에서 아브라함의 자녀들을 분리하기 위한 것이었다. 세기말 바덴의 유대인들은 마치 오랜 역사를 지닌 나무가 자신의 자리에서 뽑혀 가지처럼 겨우 매달려 있는 형국이었다. 결국 엘리야 사무엘Elijah Samuel은 뇌터Nöther로 개명할 수밖에 없었다. 그리고 그의 아들 막스Max는 다시 뇌터Nöther에서 뇌터Noether

1) 1806~1918년 동안 독일 남서부, 라인강 오른쪽에 있었던 나라로 1871년 독일제국의 일부가 되었다.
2) 1809년에 내려진, 성을 독일식으로 바꾸는 '유대인칙령Judenedikt'을 말한다.

로 성을 바꾸었다. 참, 에미의 아버지인 막스 뇌터Max Noether도 수학자이다. 이 또한 그녀의 이야기에서 소홀히 할 수 없는 중요한 사실이다.

에미는 막스와 아말리아Amalia 사이에서 태어난 네 남매 중 첫째로, 유일한 딸이었다. 그녀는 머리가 비상하고 똑똑했으며 조용하고 끈기 있는 소녀로 춤과 공부를 즐겼다. 홀로 춤을 추는 그녀의 모습은 상상만 해도 기분이 좋다. 다부진 몸과 튼튼한 팔, 활짝 펼친 손, 두꺼운 안경 그리고 그녀가 세상을 대하는 방법으로 선택한 솔직한 미소까지. 그녀가 형제 중 누군가와 춤추거나 사람들 사이에서 옛 양식이 포함된 전통 춤을 추고 있는 모습도 상상해 볼 수 있다. 안정적인 턴을 비롯해 능숙한 전통 춤 동작들은 이 무용수가 만들어 낸 개성 있는 결과물이다. 그녀가 눈을 감고 부드럽게 회전하다가 마지막에 인사하는 모습이 눈앞에 보이는 것만 같다. 이렇게 그녀처럼 혼자서 춤을 추면서도 전체의 리듬을 만들어 내는 사람들이 있다.

그녀는 공부하는 걸 즐기고 배운 내용을 복습하는 데 시간의 대부분을 보낸다. 그녀는 학과목에 대한 이해가 빠른데, 주요 개념뿐만 아니라 부수 개념들, 그것들 사이의 관계와 핵심을 쉽게 파악한다. 빨라도 너무 빠르다. 그녀의 학습 방법은, 먼저 모든 과목에서 내용을 자세하게 재구성하고 다시 꼭 필요한 핵심으로 요약하는 것이다. 그녀에겐 예리한 추론 능력이 있고, 기억력도 아주 뛰어나다. 공부할 때 그녀의 얼굴에는 맑고 평온한 미소가 번지고, 춤을 즐길 때도 편안해 보인다. 혼란스러운 사춘기 시절, 공부는 그녀의 피난처가 된다. 그곳에서는 모든 것이 의지와 노력에 달려 있다. 프로이센 환경에서 청소년기는 늘 반란기다. 물론 전 세계 모든 곳에서 다 그렇겠지만, 경직성에서 벗어나는 것이 비상식으로 평가되는 프로이센에서는 더더욱 그렇다. 교실은 감옥이자 안식처이다. 학교 교육은 예상치 못한 충격도 수치스러운 혼란도 없이 통제된 환경 속에 있지만, 에미는 그 안에서 벗어나 모든 것을 알고 싶어 한다.

에를랑겐Erlangen[3]에 있는 막스 뇌터의 집에는 그의 동료와 친구들이 자주 방문한다. 이들 수학자들은 종종 수학적 개념에 관해 토론하는가 하면, 다들 전문가의 일이라기보다는 삶의 방식이라고 여기는 과학 문제들을 논하고, 변화의 근간이 되는 본질을 설명하는 세계관을 교환한다. 또한, 그들은 불확실한 미래와 세기 전환기의 걱정스러운 정치 상황, 대학의 크고 작은 음모들에 관해서도 이야기한다. 정치와 행정 그리고 오래된 대학은 이제 '무거운 기관'이 되었고, 그들만의 타성에 젖어서 방향을 바꾸기가 매

3) 독일 남동부 바이에른주에 있는 도시.

우 어렵다. 대학들은 남녀가 함께 대학을 구성한다는 것을 눈치채지 못하는 어리석은 기관들이다. 꼭 관성에 맞서 싸우는 게 아니더라도, 움직임의 방향을 조금이라도 바꾸는 일이 쉽지 않다.

수학자들은 이런 메커니즘을 분명히 알지 못하고, 그 앞에서 그저 체념할 뿐이다. 하지만 그래도 현실과 동떨어진 인식은 없다. 그들은 역사의 독선 앞에 쉽게 구부러지지 않는 분석적인 존재들이다. 그들은 통제 의지와 음모로 정의되는 정치적 실용주의보다는 이상주의의 대열에 서 있다. 그들이 대화 중에 언성을 높이면, 에미는 그녀가 아직 잘 모르는 학문을 하는 그들의 악의 없는 격분 앞에서 분개한 척한다.

막스 뇌터의 집에서 이루어지는 대화 장면에는 거의 예외 없이 펠릭스 클라인Felix Klein이 있다. 그는 그 '무거운 기관'의 이동 방향을 바꾸려고 애쓰는 몇 안 되는 사람 중 하나이다. 그는 기하학을 다시 세우고 싶어 하며, 수학에 그리고 대학에 새로운 바람이 불길 간절히 바란다. 당대 최고의 수학자라고 불리는 그는 모든 것에 의문을 제기하고, 개선하려 애쓰며, 늘 권위 있게 이야기한다. 따라서 에미는, 모든 사람의 존경을 받고 집에 올 때마다 환영을 받으며 아버지와 많은 걸 함께 나누는 이 사람에게 무관심할 수가 없다. 펠릭스 클라인은 이제는 에를랑겐에 살지 않는다. 그는 뇌터 가문이 이곳에 도착하기 몇 년 전, 그러니까 에미가 태어나기 거의 10년 전에 이 도시의 대학에서 3년을 강의했었다. 이곳의 대학은 아니지만, 그는 지금도 여전히 대학 강단에 선다. 혁명가 펠릭스 클라인은 그 당시 불과 23세의 나이에 프리드리히 알렉산더 대학[4]에 부임했고, 기억에 남을 만한 강연에서 '에를랑겐 계획Erlangen Program[5]'으로 불리게 될 내용을 발표했었다. 이것은 기하학 이론의 통합과 관련한 것으로, 현대 수학 방법론의 상징물이다. 그는 여전히 막스 뇌터와 좋은 우정을 이어 가고 있으며, 이 이야기에 계속해서 등장할 것이다.

어쨌든 클라인의 혁명적인 강연은 거의 30년 전에 있었던 일이다. 지금 우리는 1900년에 있고, 19세기가 끝나가는 이 시점에서 에미는 점점 숙녀가 되어 가고 있다. 에미, 그래서 공부를 계속할 계획이란 말이지? 정말 멋지다. 그래, 선생님이 최고지! 에미에게 배우게 될 소녀들은 얼마나 행운일까! 어쨌거나 그녀는 어른들과 함께하는 것이 편한 청소년이다. 그녀는 어른들의 대화에 참여하

4) 독일 에를랑겐의 공립대학. 정식 명칭은 프리드리히 알렉산더 에를랑겐-뉘른베르크 대학교(Friedrich-Alexander-Universität Erlangen-Nürnberg)이며, 펠릭스 클라인(1849~1925)은 1872년부터 3년간 이곳 교수로 있었다.

5) 발표 당시의 제목은 〈Vergleichende Betrachtungen über neuere geometrische Forschungen(새로운 기하학 연구를 위한 비교적 관점)〉으로, 미래 기하학이 나아갈 방향을 규정한 것이다. 클라인은 기하학이란 어떤 변환군에 의해 변하지 않는 성질을 연구하는 것으로서 군이라는 개념을 도입하면 다양한 기하학을 분류할 수 있다고 제안했다.

는 법을 잘 알고 있고, 직접 끼어들지 않고도 함께하는 방법을 안다. 모든 말에 주의를 기울이고, 테이블은 잘 정리되어 있는지, 잔에 음료가 채워져 있는지, 빵은 부족하지 않은지도 세심하게 살핀다. 그녀는 자신이 뒤로 빠져 있어야 할 때를 잘 알고, 말을 들어야 하는 순간에는 집중해서 듣는다. 이제 그녀에게 주의를 기울여보자. 왜냐하면 지금은 그녀가 어린 소녀의 티를 벗고, 자신만의 고유한 인물을 만들어 갈지 아니면 그것을 버릴지를 결정하게 될 중요한 순간이기 때문이다. 그 당시 대부분 여성의 모습은 타인에 의해 결정되었다. 여성의 성격이나 특징을 드러내는 형용사들은 오히려 그녀들이 사회에서 주어진 역할에 적응하는 방법을 묘사했다는 편이 맞을 것이다. 물론 여성들이 적응할 수 있는 그 역할이란 거의 하나뿐이었다. 따라서 에미도 친절하거나 순종적이며, 부지런하거나 입이 무겁고, 애교스럽거나 겁이 많으며, 변덕스럽거나 얌전한 여성이 될 것이다. 그 외의 다른 모습은 상식 밖의 행동이거나 부적절할 것이다.

한편, 에미가 자라는 환경에서 수학은 자연스럽고 다정한 존재다. 그것은 집안 풍경의 일부이고 강한 정신력의 뇌터 가문에서 그런 정신을 키우는 자양분이기도 하다. 어떤 가족은 주변 친척들이나 심지어 가족 구성원들에게조차 전혀 신경 쓰지 않는다. 그런 경우 가족은 그저 성씨를 이어받고 가끔 생일이나 장례식을 기념하기 위해 모일 뿐인, 서로 아무런 문제 없이 수년간 잘 작동하는 시스템이다. 그런가 하면, 가족 구성원의 특성에 따라 형성된 생태계로서 성장과 삶의 기반을 제공하며 늘 함께하는 가족도 있다. 에미는 가정에서 자신의 욕구를 정당하게 누리는 법과 의지력을 배운다. 그뿐만 아니라, 이 어린 여성의 성격의 일부가 될 친절함과 관대함, 흔들림 없는 자비심도 이곳에서 배운다. 그녀는 그렇게 조금씩 길이 없는 곳, 주변에서 가면 안 된다고 하는 곳들로 자연스럽고 당당하게 걸어 나갈 준비를 시작한다.

에미는 여학교의 언어 교사 자격시험을 보고, 당연히 우수한 성적으로 통과한다. 하지만 이 다부진 여성은 어떤 식으로든 운명이 그녀에게 정해 놓은 길을 바꾸고 싶어 한다. 그녀는 진지하고 맑은 미소로 자기 생각을 분명히 말한다. 대학에서 수학을 공부하고 싶다고 말이다. 방향 전환이다! 하지만 역사상 가장 '무거운 기관'은 그녀의 말을 쉽게 들어주지 않을 모양이다. 여성 수학자라니! 이것은 꽤 놀라운 일이다. 누가 여성 수학자에 대해 들어 봤을까? 과연 여자도 대학에 들어갈 수나 있을까? 아니, 에미, 들어갈 수 없어. 불과 2년 전에 독일 상원은 여성이 교실에 들어가면 '학문 질서가 파괴된다'고 선언했다. 따라서 이 '무거운 기관'은 에미의 존재를 신경 쓰지 않을 것이다. 절대 허락할 수 없습니다. 당신은 들어올 수 없어요. 끝! 하지만 그녀의 아버지 막스는 딸의 말에 웃으며 고개를 끄덕인다. 이 '무거운 기관'은 에미를 모르지만, 아버지는 안다. 에미의 미소는 영양분을 찾아 이리저리 뻗어 가는 뿌리와 같다. 그녀는 항상 분쟁 없이 조용하지만 견고하게 길을 만들고, 금이 갔을 때는 다시 도로를 포장하는 법도 알고 있다. 물론 그녀가 아무 의심 없는 분명한 길을 가는 건 아닐 것이다. 하지만 인내와 고집, 단호함과 오만, 결단력과 건방짐을 늘 완벽하게 구분할 수 있는 사람이 어디 있겠는가?

수학의 역사에는 소리 없이 조용히 일한 사람들이 많다. 그중에는 역사가 기억하지 못하는, 그러니까 절대 기억하지 못할 사람들도 있다. 그나마 역사가 기억하는 인물 중 우리가 아는 첫 번째 여성은 4,000년 전 수메르 지역에 살았던 **엔헤두안나** En-Hedu'Anna이다. 그녀는 역사상 처음으로 자기 글에 서명한 인물이다. 그녀는 우르Ur 사원의 여사제로 천문학과 수학, 시에 전념했고, 달의 여신 이난나Inanna 사원 주변의 광대한 땅을 관리했다. 그녀는 천체의 움직임, 특히 수메르인이 문명 초기에 유산으로 남긴 달의 움직임을 측정하는 데 이바지했다. 그 측정법은 행성과 별의 움직임을 연구하는 과학에 기반했는데, 그렇게 우리의 시간 측정이 시작되었다.

지금 우리가 알고 있는 고대 그리스의 수학과 천문학 일부는 전설에 흠뻑 젖어 있다. **테아노**Theano는 숫자에 대한 글들을 썼는데, 피타고라스학파의 일원이었던 것 같다(어떤 사람들은 그녀가 그 학파를 이끌었다고도 한다). 하지만 그녀가 태어나고 죽은 때와 장소는 분명하지 않다. 테아노라는 이름을 가진 사람이 두 명 있었는데, 지금 보존된 내용이 둘 중 누구의 것인지 알기가 쉽지 않기 때문이다. 고대 그리스 최초의 천문학자라고 여겨지는 **아글라오니케**Aglaonike도 마찬가지다. 그녀에 대한 언급이나 특히 업적을 알 수 있는 증거 자료가 거의 없다. 고대 그리스에는 수학과 과학에 이바지한 여성이 여러 명 있었지만, 그녀들의 지적 노동이 늘 인정을 받은 건 아니다.

역사상 최초의 여성 수학자로 간주되는 이는 알렉산드리아의 **히파티아**Hipatia로, 그녀는 4~5세기에 열정적으로 살다가 잔인하게 살해되었다. 고대의 역사를 자세히 확인하기는 어렵지만, 여성 수학자에 대한 최초의 신뢰할 만한 정보 출처는 히파티아를 언급한 내용에서 찾아볼 수 있다. 그녀는 수학과 철학을 가르치는 데 헌신한 훌륭한 학자였다. 특히, 천문학과 대수학 및 기하학에 대한 논문을 썼는데, 예를 들면 유클리드의 『기하학원론Element』과 디오판토스의 『산술Arithmetica』을 해설했다. 그녀는 고대의 위대한 스승 중 한 명이었으며, 신플라톤주의가 팽배한 시대에 알렉산드리아에 있는 그녀의 철학 학교는 명성이 높았다. 천문학과 관련한 그녀의 연구와 발명은 과학계에 크게 공헌했다. 수학적 공헌은 주석, 특히 디오판토스의 『산술Arithmetica』 주석에서 발견된다. 그녀는 당시 알렉산드리아 문화와 정치에서 영향력 있는 인물이었다. 그래서 정치적·문화적·종교적 권력을 위한 투쟁에서 광신자들의 희생양이 되었다. 역사가인 오레스테스 에클레시아티쿠스Orestes Ecclesiasticus에 따르면, 그리스의 현자들 사이에서 가장 존경받았던 그녀는 교회에서 살해당했다. 히파티아와 그녀의 죽음은 편

협함으로 인한 피해를 상징하고, 과학계에서 여성의 역할이 어떠했는지를 입증한다.

히파티아 이후 한동안 수학을 연구한 다른 여성에 대한 기록은 없다. 물론 많지는 않았어도 분명 뛰어난 여성 학자가 있었을 것이다. 하지만 히파티아 이후 1,300년이 지난 17세기에야 수학에 헌신한 또 다른 위대한 스승, **마리아 가에타나 아녜시** Maria Gaetana Agnesi가 등장한다. 그녀는 신동으로 타인에게 매우 헌신적이고 신앙심이 깊었다. 미적분학에 관한 완성도 높은 책을 역사에 남겼는데, 이것은 뉴턴과 라이프니츠의 미적분학을 이해할 수 있게 도와주는 선구적이고 명확하며 통찰력 있는 작업물이다. 아마도 그녀는 서양에서 처음으로 인정받은 여성 수학자일 것이다. 그리고 이후 또 다른 여성들이 조금씩, 아주 조금씩 이 길을 열어 나갔다. 그러나 위대한 여성 수학자 중 일부는 자기 자리를 지키기 위해서 남성의 이름 뒤에 숨어야만 했다. 그중 아마도 가장 유명하고 가장 영향력 있는 여성 수학자는 '무슈 르블랑Monsieur[6] LeBlanc'이라는 가명으로도 알려진 **소피 제르맹** Sophie Germain일 것이다. 그녀는 정규 교육을 받지 못하고 독학으로 공부를 했기 때문에 학계에서 떨어져

6) 무슈(Monsieur)는 프랑스어에서 남성을 뜻하는 호칭이다.

있었지만, 역사상 가장 위대한 수학자인 라그랑주Joseph Louis Lagrange 및 가우스Carl Friedrich Gauss와 연락을 주고받았으며, 파리 과학아카데미Académie des sciences에서 특별한 상도 받았다. 파리의 상징인 에펠탑을 건설할 수 있었던 것도 여러 과학자 및 엔지니어와 함께했던 그녀의 업적 덕분이었다. 그 공로로 함께 참여한 학자들의 이름은 탑 아래 아치에 새겨졌지만, 소피 제르맹의 이름은 빠졌다. 용서받을 수 없는 그 빈칸은 빛의 도시에 어두운 그림자로 남았다.

히파티아

Hipatia

355(?)~415

출처: 엘버트 허버드(Elbert Hubbard), 『위대한 교사들의 집으로 가는 작은 여정(Little Journeys to the Homes of Great Teachers)』 vol. 4(Roycroft, 1908)
그림 작가: 줄스 모리스 가스파드(Jules Maurice Gaspard, 1862~1919)

많은 저자들에 따르면, 히파티아는 고대의 마지막 위대한 여성 과학자였다. 의심의 여지 없이 그녀는 훌륭한 스승이자 과학의 훌륭한 보급자였다.

그녀의 삶과 업적을 객관적으로 이야기할 때조차, 전설의 손아귀에서 빠져나오기가 어렵다. 그녀의 작업물은 보존되지 않은 데다 신뢰할 만한 서지 정보도 거의 없다.

히파티아에 관한 연구는 대부분 소크라테스 스콜라티코스(Socrates Scholatikos)[1]의 작품들과 히파티아의 애제자인 시네시오스(Synesios)[2]가 그녀에게 쓴 서신들을 기반으로 한다.

히파티아의 이야기는 종교적 광신주의를 공격하기에 안성맞춤이었고,

프랑스의 계몽주의자들이 주저 없이 그 일을 했다. 그녀의 전설은 볼테르(Voltaire)[3]를 시작으로 르콩트 드릴(Leconte de Lisle)[4]의 시에서 절정을 이루었는데, 르콩트 드릴은 그녀를 '플라톤의 정신과 아프로디테의 육신'이라고 정의했다.

프랑스 계몽주의자들은 히파티아의 죽음을 종교적 광신주의의 산물로 간주했지만, 그것을 정치적인 사건으로 보는 연구자들이 많아지고 있다. 분명한 사실은 그녀가 매우 잔혹하게 살해당했고, 그녀의 죽음이 과학과 철학의 역사에 전환점이 되었다는 점이다.

히파티아는 알렉산드리아에서 태어나 그곳에서 쭉 살았고, 아테네에 간 적은 없는 것 같다. 출생 연도는 알려지지 않았지만, 오늘날에는 시네시오스의 서신들을 참고해 AD 355년으로 추정한다.

그녀의 아버지는 유명한 수학자 테온(Theon)으로, 명성이 높았고, 슬프게 사라진 알렉산드리아 도서관의 관장이었다. 덕분에 그녀는 지식에 접근할 수 있는 특권을 가졌는데, 이는 당시 여성들에게 흔치 않은 일이었다.

그녀의 연구물들이 보존되지는 않았지만, 그녀가 디오판토스의 『산술(Arithmetica)』, 『천문 규칙에 관하여(Astronomical canon)』에 대해 적어도 한 편의 논평을 썼음을 확신할 수 있다.

그녀는 특히 대수학과 천문학에 재능이 있었고, 훌륭한 교사이자 의사소통가였다. 그녀는 수학 외에도 신플라톤주의(Neoplatonism)[5] 철학을 공부했고, 공개 및 개인 강의를 했다.

- 그녀는 발명가이기도 했다. 과학 기술에 매료되어, 예를 들면 액체 비중계와 증류수 제조 장치를 만들었으며 천문 관측기구 개선에 이바지했다.

- 히파티아는 415년, 60세로 추정되는 나이에 미치광이 집단에 의해 잔인한 방식으로 살해당했다.

- 그녀의 이야기는 논란의 여지가 있다. 한편에서는, 과학사에서 그녀의 역할은 중요하지 않았다는 목소리도 크다. 하지만 그렇게 어려운 시기에 지식의 연구와 보급에 기여한 그녀의 헌신은 인정받아야 한다.

- 영화 〈아고라(Agora)〉(알레한드로 아메나바르 감독, 2009)는 역사적, 과학적으로 몇 가지 각색된 부분이 있긴 하지만 히파티아를 아는 데 도움이 된다.

- 히파티아, 고마워요!

---

1 '콘스탄티노플의 소크라테스'라고도 불리는 5세기 비잔틴 역사가.
2 4~5세기의 신플라톤주의자로 고대 리비아 프톨레마이오스의 주교. 젊었을 때 형과 함께 알렉산드리아로 가서 히파티아의 제자가 되었다. 그가 남긴 156편의 편지에 히파티아에게 보낸 편지가 들어 있다.
3 1736년에 발표한 『광신의 무덤(Examen important de Milord Bolingbroke ou le tombeau de fanatisme)』에서 기독교 광신자들에게 살해된 히파티아 사건을 언급했다.
4 19세기 프랑스의 고답파 시인. 낭만파의 경향에 반대하고 실증과학정신을 중시했으며, 히파티아의 죽음을 안타까워하는 시를 썼다.
5 플라톤 철학의 계승과 부활을 내세웠던 철학사상.

 아기돼지삼형제의 트위터 타래

마리아 가에타나 아녜시
Maria Gaetana Agnesi

1718~1799

〈마리아 가에타나 아녜시의 초상〉, 밀라노 스칼라 극장 박물관(Museo teatrale alla Scala) 소장

유럽에서 미분적분학을 대중화시킨 마리아 아녜시를 만나 보자. 마리아는 볼로냐에 있는 대학에서 수학 교수직[1]을 맡은 최초의 여성이었다.

그녀는 미적분에 관한 첫 해설서라고 할 만한 책을 썼다.

INSTITUZIONI
ANALITICHE
AD USO
DELLA GIOVENTU' ITALIANA
DI D.NA MARIA GAETANA
AGNESI
MILANESE
Dell'Accademia delle Scienze di Bologna.
TOMO I.

IN MILANO, MDCCXLVIII.
NELLA REGIA-DUCAL CORTE.
CON LICENZA DE' SUPERIORI.

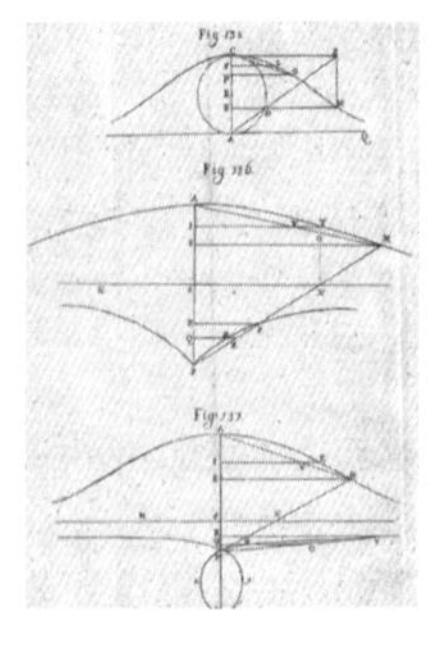

마리아 가에타나 아녜시, 『이탈리아 청년들을 위한 미분적분학(Instituzioni analitiche ad uso della gioventù italiana)』, 1748.

- 이 책은 대수학에서부터 미분 방정식까지를 다루고 있으며, 미분과 적분을 함께 논의했다는 점에서 매우 중요하다. 연이어 프랑스어와 영어로 번역되었던 이 책은, 현대적 의미에서 최초의 수학 교과서라고 할 수 있다.

- 이 책에서 그녀는 페르마가 몰두했던 곡선을 연구했는데, 바로 '아녜시의 마녀(witch of Agnesi)'로 알려진 곡선이다. 이런 이름이 붙은 건 잘못된 번역 때문이었다. 그녀는 그 곡선을 라틴어로 '우회하다'라는 뜻의 단어에서 파생된 'versiera'라고 불렀는데, 한 영국 교수가 'aversiera(마녀)'의 축약형과 헷갈려서 오역했기 때문이다.

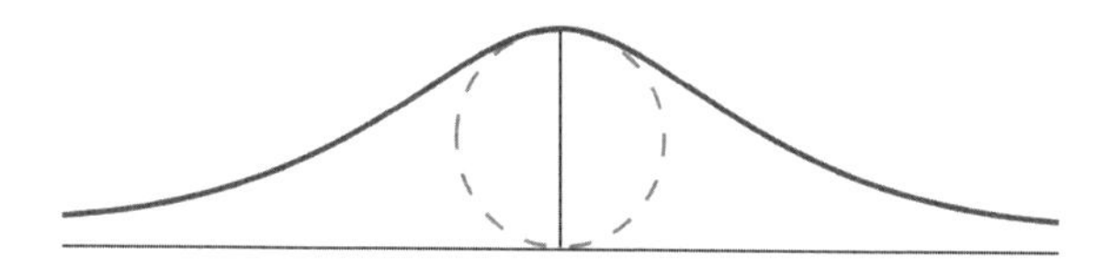

- 이 곡선은 흥미로운 성질[2]을 지니고 있는데, 해석기하학(analytic geometry)[3]과 미분학 모두에서 연구할 수 있다.

- 정말 고마워요, 마리아.

1 1749년 교황이 그녀를 이탈리아 볼로냐 대학교 명예강사로 임명했다.
2 이 곡선의 방정식은 $y=(8a^3)/(x^2+4a^2)$로 나타내지는데, x값이 무한히 커지면 y는 0에 가까워지고 이때 점근선인 x축과 곡선으로 이루어진 도형의 넓이는 원의 넓이의 4배인 $4\pi a^2$이 된다(a는 원의 반지름).
3 기하학적 도형 및 그 관계를 대수방정식으로 나타내 연구하는 수학 분야.

소피 제르맹

Sophie Germain

1776~1831

14세의 소피 제르맹
출처: 『사회주의 역사(Histoire du socialisme)』 (1880년경)의 삽화

소피 제르맹은 수학계의 진정한 돈키호테라고 할 수 있다. 그녀는 끈기를 유일한 창으로 삼아 자신의 열정(수학)을 꺾으려는 모든 거인과 풍차들에 맞서 싸웠다.

그녀가 살던 아름다운 파리에서 프랑스 혁명이 발발했을 때 소피는 열세 살이었다. 그녀는 두려움에 떨며 아버지의 서재에 숨어 있었는데, 그곳에서 수학 지식에 대한 사랑과 열망을 깨워 줄 세 권의 책을 만났다.

그 세 권의 책은 바로 장 에티엔 몽투클라(Jean-Étienne Montucla)의 『수학사(História das Matemáticas)』, 자크 앙투안 조제프 쿠쟁(Jacques Antoine-Joseph Cousin)의 『미분학(calculo diferencial)』, 에티엔 베주(Étienne Bézout)의 『산술 연구(Traité d'Arithmétique)』였다.

〈바스티유 습격(Prise de la Bastille)〉, 장피에르로랑 우엘(Jean-Pierre-Laurent Houël), 1789. 중앙에 로네이 후작의 체포 장면이 보인다.

- 소피는 훗날 아르키메데스에 관한 이야기를 읽고, 수학을 잘 이해해야 할 필요성을 느꼈다고 말했다.

- 그녀는 부모님의 반대에도 불구하고 자기 손에 들어온 모든 수학을 혼자서 계속 공부했다.

- 그녀는 여성이라는 이유로 프랑스 에콜 폴리테크니크(École Polytechnique)에 들어갈 수 없었기 때문에 앙투안 르블랑(Antoine LeBlanc)이라는 가상의 남성 인물을 만들어, 그 대학의 강의 노트를 입수해 공부했다. 이 대학은 1972년까지 여성을 받아 주지 않았다. 모두가 알고 있듯이 이 나라의 표어는 '자유', '평등', '박애'인데 말이다.

- 그녀는 자신의 연구 결과를 발표하기 위해 앙투안 르블랑이라는 이름으로 라그랑주[1]에게 편지를 보냈다. 그녀의 연구는 이 이탈리아

수학자로부터 높은 평가를 받았고, 그 덕분에 그녀는 라그랑주에게 배울 수 있었다. 여성에게 닫혔던 문이 조금이나마 열린 것이다.

소피가 라그랑주와 아드리앵마리 르장드르[2], 조제프 쿠쟁 및 가우스의 지원을 받은 건 사실이지만, 당시의 모든 과학자가 그녀의 뛰어난 과학 역량, 특히 수학 능력을 인정한 건 아니다. 제롬 랄랑드[3]에게 물어보라.

우리는 무엇보다도 판의 진동에 관한 최초의 수학적 결과를 그녀에게 빚지고 있다. 이 모든 일은 라그랑주의 초청으로 독일 물리학자 에른스트 클라드니(Ernst Chladni)의 시연에 참석하면서 시작되었다.

클라드니 초상

클라드니가 접시 위에 모래를 뿌리고 이것을 일정한 방식으로 움직이자, 진동하는 모래는 접시에서 신기한 대칭 모양을 만들었다.

접시 위 모래 진동 실험

기본적으로 모래는 판에서 진동하지 않는 점(공명의 마디)에 쌓인다. 1808년 당시에는 아무도 이 효과를 수학적으로 설명하지 못했다. 즉, 어떤 방정식이 마디들의 분포를 만드는지 몰랐다.

정사각형 접시 위의 모래에서 소리의 진동으로 생성된 클라드니 도형

프랑스 과학아카데미는 이 문제를 해결하는 사람에게 상을 주겠다고 했고, 이 상을 받기 위해 이 주제에 대한 방정식을 제출한 최초의 (그리고 유일한) 사람이 바로 소피였다. 하지만 첫 번째 시도에서는 몇 가지 실수를 했는데, 독학으로 공부하다 보니 전문 용어와 계산 능력이 부족했기 때문이다.

그녀는 이후 두 번 더 시도해야 했고(사람들이 이 문제에 대해서 겁을 먹었기 때문에, 늘 그녀가 유일한 후보자였다), 세 번째 시도에서 아카데미의 상을 받았다. 이것이 그녀에게 권위 있는 과학아카데미상을 안겨 준 제르맹의 방정식이다.

$$N^2\left(\frac{\partial^4 z}{\partial x^4}+\frac{\partial^4 z}{\partial x^2\partial y^2}+\frac{\partial^4 z}{\partial y^4}\right)+\frac{\partial^2 z}{\partial t^2}=0$$

하지만 소피는 여성이라는 이유만으로 아카데미 강의와 세미나에는 참석할 수가 없었다. 맞다, 모든 것이 미쳐 돌아가고 있었다. 그러나 그녀는 '정수론(수론)'에 대한 공헌과 '페르마의 마지막 정리(Fermat's last theorem)'에 대한 기여로 오래 기억될 것이다.

'페르마의 마지막 정리'는 가장 유명한 수학적 결과이다. 그것을 증명하는 데 358년이 걸렸기 때문일 수도 있다. 우리는 $x^2+y^2=z^2$를 만족시키는 세 숫자 (x, y, z)가 얼마든지 있다는 것을 알고 있다. 예를 들어 (3, 4, 5)도 그중 하나다. 그러나 다음 방정식에서 n이 2보다 클 경우, 이것을 만족하는 세 숫자는 없다.

$$x^n + y^n = z^n$$

이것이 바로 1637년에 페르마가 말한 내용이다. 그리고 1995년, 리처드 로런스 테일러(Richard Lawrence Taylor)와 앤드루 존 와일스 경(Sir Andrew John Wiles)이 함께 그것을 증명했다.

우리의 친애하는 소피 또한 페르마의 정리를 밝히려고 노력했고, 그 결과 '소피 제르맹의 정리'를 남겼다. 그녀는 100 미만의 홀수 소수에 대해 페르마의 마지막 정리는 항상 참임을 증명했다.

소피가 열정을 쏟은 분야는 수학이었지만, 이 돈키호테는 철학에 관한 책도 두 권이나 썼다. 그녀는 이 책들에서 과학과 인문학 사이에는 차이가 없다고 매우 명료하게 주장했다.

1831년, 그녀는 풍차가 아닌 거인으로 판명된 유방암 때문에 인생의 사랑이었던 수학과 영원히 헤어지게 되었다.

정말 대단했어요, 소피 제르맹. 정말 고마워요.

1 라그랑주(Joseph Louis Lagrange, 1752~1833). 이탈리아 출신의 프랑스 수학자로 그의 업적은 『해석역학』에 집대성되어 있다.

2 르장드르(Adrien-Marie Legendre, 1752~1833). 정역학, 수론, 추상 대수학에 공헌한 프랑스 수학자.

3 랄랑드(Jerôme Lalande, 1732~1807). 프랑스 천문학자로 콜레주 드 프랑스 학장이 되자 여성들에게 강연장을 개방했으며 당시 여성 연구자들의 사례를 분석한 『숙녀의 천문학』을 출간했다.

3

회전

Turn

과연 단 한 번도 다른 사람이 되고 싶다고 생각해 보지 않은 사람이 있을까? 다른 사람의 능력이나 장점이 부러웠던 적 말이다. 다른 사람이 가진 것을 갖고, 다른 사람이 할 수 있는 것을 하며, 다른 사람이 아는 것을 알고, 자신이 할 수 없는 것을 할 수 있는 능력을 원해 본 적이 모두들 있을 것이다. 하지만 이렇게 다른 사람이 되고 싶은 마음도 어떻게 보면 자기 자신의 일부이다. 덕분에 우리는 우리가 어느 쪽으로 능력을 확장하고 싶어 하는지 알 수 있고, 자신의 한계를 인식하고 지속적인 내적 투쟁을 거치며 노력해 나갈 방향을 찾을 수 있다.

독일 프리드리히 알렉산더 에를랑겐-뉘른베르크 대학 강의실에 새로 들어온 학생이 눈에 띈다. 정말 이례적인 일이다. 수학 수업을 하는 엄숙한 교실에 여학생이 앉아 있다. 참, 그런데 여성은 대학에 등록할 수 없지 않았던가? 없다, 당연히 안 된다. 이미 모두가 아는 것처럼 그것은 학문적 질서를 파괴하는 일이다. 하지만, 그녀가 수업을 청강만 한다면 이런 학문적 질서는 그대로 유지될 것이다. 이 문제의 여성이 공식적으로 수업에 출석하지 않고, 입학하지 못하며, 공식 명단에 올라가지 않고, 성적표를 받지 않고, 학위를 받을 필요가 없다면…, 이 허술한 학문적 질서는 충분히 유지될 것이다. 그녀에게 허락되는 건 교실 안에 앉아서 추론하고, 암기하고, 배우는 것뿐이다. 단, 두드러지게 눈에 띄어서는 안 된다.

하지만 진지하고 열심히 공부하는 소년들 사이에서 에미 뇌터는 단연 눈에 띈다. 여성이라는 사실 때문만은 아니다. 그녀는 누구보다도 명석하다. 그녀의 수학적 능력은 높은 하늘을 나는 거대한 새처럼 탁월하다. 하지만 그녀는 거만하지도 않고, 불안해하지도 않는다. 그녀는 마치 수학을 위해 태어난 사람처럼 보이지만, 새로운 성과를 얻기 위해서는 그녀 역시 다른 사람들처럼 부단히 노력해야 한다. 이것은 온전한 집중을 요하는 끝없는 연산, 까다로운 수학과 그녀와의 첫 번째 만남이다.

그녀를 보면 여성이라는 사실이 그녀가 수학을 다루는 방식에 어느 정도 영향을 주는 게 아닐까 하는 궁금증이 생긴다. 여성의 눈은 수업 시간에 칠판을 더 세밀하게 살피는 걸까? 방정식을 푸는 사람의 성별에 따라서 해답이나 대수의 속성이 변할까? 에미는 매주 수업에 참석하면서 새로운 개념들을 쉽게 익히고, 계속해서 열심히 추론해 나간다. 그녀는 단순한 계산뿐만 아니라 다양한 수학적 사고를 통해 수학의 힘과 아름다움을 알아 가기 시작한다. 그녀는 수학을 배워 나간다. 빠르게 배워 나간다. 어린 시절 춤을 추었던 에미는 공부도 춤을 추듯이 한다. 수학은 그녀가 늘 좋아했던 전통 춤과 비슷하다. 정확한 순간에 정확하게 돌고 인사를 해야 하는 춤 말이다. 그녀는 문제마다 어떤 정리를 사용하고, 어떤 이론을 적용해야 하는지를 정확히 안다. 그리고 발로 리듬을 맞추면서 조용히 돌아다니는 것처럼, 논증들의 논리적 연계와 끝없는 증명들 사이를 오가며 그 속에 숨어 있는 창의성을 기쁘게 발견하기 시작한다. 그녀는 모든 사람이 그녀의 걸음을 보고 있다는 걸 알아채지 못한다.

기존의 학업 질서에 반대한 에미의 아버지 막스 뇌터와 파울 고르단Paul Gordan은 대학의 타성에 맞서며 그녀를 지켜 준다. 그 둘은 모두 훌륭한 수학과 교수이다. 고르단은 '불변식不變式의 제왕'으로 알려져 있으며, 뛰어난 지성뿐만 아니라 깨끗한 도덕성으로도 유명하다. 그는 대학 사회와 수학계에서 모두에게 존경받는 학자이다. 에미에게는 두말할 나위 없이 좋은 보증인이기도 하다.

그녀의 아버지인 막스 뇌터 또한 나라에서 가장 위대한 수학자 중 한 명으로 이 대학의 자랑이다. 그 역시 나무랄 데 없는 인물이다.

아직 에미를 수학자라고 부르거나 언젠가 수학자가 될 거라고 말하기엔 이르다. 그렇게 되기까지는 몇 년이 더 걸릴 것이다. 하지만 그녀가 성장한 환경 덕분에, 특히 에를랑겐-뉘른베르크 대학에서의 학업을 통해 그녀는 그 당시 수학계의 상황을 파악할 수 있었다. 베를린에서 군림하고 있는 카를 바이어슈트라스[1]는 에른스트 쿠머[2], 레오폴트 크로네커[3]와 함께 유럽에서 이루어지는 수학 연구 발전의 기준점이 되었다. 사람들은 늘 카를 바이어슈트라스의 의견을 경청했는데, 거의 복종하는 수준이라고 말할 수 있다. 물론 곧 괴팅겐에서 떠오를 소문이 현실이 되는 걸 지켜보게 되겠지만, 지금은 이 '베를린 트리오' 이외에 다른 학계의 흐름이 끼어들 틈이 거의 없다. 바이어슈트라스와 베를린 학파의 수학은

---

1) 바이어슈트라스(Karl Weierstrass, 1815~1897). 독일 수학자로 뉴턴과 라이프니츠에서 시작된 미적분 계산의 엄격한 기초를 놓았고, 방정식에 관한 두 가지 질문, 즉 방정식은 풀릴 수 있는가, 만약 풀릴 수 있다면 얼마나 많은 해가 존재하는가를 제기함으로써 19세기의 수학 양식을 결정지은 인물이다.

2) 쿠머(Ernst Kummer, 1810~1893). 독일 수학자로 크로네커의 스승. 소수를 정규 소수와 비정규 소수로 구분하고, 페르마의 마지막 정리에서 n이 정규 소수일 때 해를 갖지 않는다는 것을 증명했으며, 그 과정에서 '아이디얼 수'를 발명했다.

3) 크로네커(Leopold Kronecker, 1823~1891). 독일 수학자로 고등 대수학에 크게 공헌했다. 그는 무리수는 존재하지 않는다고 생각했으며, "신은 자연수를 창조했을 뿐, 그 나머지는 모두 인간이 만든 것"이라고 믿었다.

접근하기 어려울 정도로 까다롭고 고집스럽다. 의심의 여지 없이 이것은 20세기의 끔찍한 분만에 참여한 중부 유럽의 프로이센 정신에 걸맞은 수학이다. 막스 뇌터와 파울 고르단은 이러한 베를린 수학에서 독보적인 존재가 되었다. '불변식의 제왕'과 그의 친구이자 좋은 동료인 막스 뇌터는, 자신만의 수학적 운명을 향해 묵묵히 그리고 꾸준히 걸어 나가는 에미 뇌터의 중요한 후견인들이다. 에미는 에를랑겐에서 2년간 역사 및 언어와 함께 수학을 공부한다. 그리고 마찬가지로 에를랑겐에서 수학을 공부하던 남동생 프리츠 뇌터Fritz Noether[4)]와 함께 학업적 발전을 이루어 간다.

이즈음에서 잠시, 그녀의 이야기에서 빼놓을 수 없는 남동생 프리츠를 생각해 보자. 그는 대학에 입학해서 수업을 듣고 시험을 보며 성적을 얻는 데 전혀 문제가 없다. 그는 부지런한 학생이다. 하지만, 에미처럼 빛나지는 않는다. 이런 둘 사이의 불균형이 서로 간에 다른 질투를 불러일으킬 수 있다. 스스로 결정할 수 없는 타고난 특성으로 상대가 갖게 된 우월함을 부러워하는 건 당연하지 않을까? 에미는 동생이 남자라는 사실이 부러울 테고, 남동생은 에미의 명석한 두뇌가 부러울 것이다. 하지만 남자라는 사실 자체는 전혀 칭찬받을 만한 게 아니다. 그에 반해, 천부적인 재능과 끈

4) 이후 유명한 이론물리학 교수가 되었다.

기는 다르지 않을까? 이처럼 그 둘은 분명 다르지만, 부러워할 만한 자질이나 그 가치는 오히려 각자가 타고난 재능으로 무엇을 하는가에 달려 있다. 이 세상에 쉬운 삶이란 없으며, 특히 이 시대에는 더욱 더 그렇다. 프리츠와 에미는 어렵지만 좋아하는, 아름다운 수학과 함께 살아가는 법을 배워야 한다는 걸 잘 알고 있다. 하지만 에미에게는 결정적인 장점이 있다. 주변 상황이 아무리 어려워도 어떻게 헤쳐 나가야 하는지를 잘 알고 있다는 것이다.

게다가 놀랍게도 그녀를 둘러싼 상황들이 조금씩 변하고 있다. 물론 어떤 것들은 변하지 않은 채 여전히 그대로지만 말이다. 그러니까, 대학에서 에미가 공식 입학시험을 볼 수 있게 허락했고, 그녀는 당연히 합격했다. 물론 수업의 실질적인 출석은 담당 교수의 손에 달려 있다. 전통적 질서는 그렇게 쉽게 바뀌지 않는다. 그리고 그녀가 공식 입학시험에 합격하고 나서 예상치 못한 일(물론 아주 놀라운 건 아니지만)이 벌어진다. 1903년 초, 펠릭스 클라인이 그녀에게 괴팅겐 대학의 문을 열어 준 것이다. 똑똑하고 위대한 혁명가인 그는 에미의 소식을 듣고, 예전에 막스의 명석한 딸이 수학자가 되고 싶다고 해서 모두가 웃었던 순간을 떠올렸다. 물론 당시 그녀의 아버지는 웃지 않았다. 수학은 변화하고 있고, 괴팅겐은 그 변화의 진원지이다. 이곳은 과학이 진정한 20세기로 진입할 수 있게 만들 것이다. 그렇게 괴팅겐은 변화의 한 부분을 담당하는 곳이 될 것이다. 그는 30년 전 에를랑겐에서 했던 한 강연에서 시작된 새로운 흐름에 에미가 더 가까워지기를 바란다. 에미는 1년도 채 안 되어 돌아오게 될 줄 모른 채, 그 역사적인 강연이 있었던 대학에 작별 인사를 한다.

그녀는 펠릭스 클라인에게 간다. 새로운 세기의 시작과 함께, 그녀의 삶과 수학의 여정은 괴팅겐을 향한다. 괴팅겐은 19세기 수학을 평정한, 조숙하고 한결같은 천재 가우스가 살았던 곳이다. 이 수학의 왕자는 기하학의 견고한 기초를 확립했다. 그는 많은 일을 했는데, 산술에 관한 모든 것, 정수론에 관한 거의 모든 것을 연구했고, 기하학에서는 마치 그리스 신화 속 최후의 거인 티탄 같았다. 가우스가 죽기 1년 전이자 에미가 이곳에 오기 50년 전, 또 다른 거인인 베른하르트 리만[5]이 괴팅겐 대학에서 교수 자격 취득 논문을 발표했다. 그의 논문은 역사상 가장 유명한 교수 자격 취득 논문이다. 거기서 리만은 기하학을 재발견하고 공간 개념을 재창조하면서 이전까지 아무도 가지 않았던 새로운 곳으로 수학을 이끌었다. 동시에 괴팅겐을 수학 세계의 중심으로 만들었다.

---

5) 리만(Bernhard Riemann, 1826~1866). 독일 수학자로 복소함수의 기하학적 이론의 기초를 닦았다. 1854년 괴팅겐 대학에서 강의한 〈기하학의 기초를 형성하는 가설에 대하여(Über die Hypothesen, welche der Geometrie zu Grunde liegen)〉는 평면이 아닌 곡면을 다룬 비유클리드기하학인 리만 기하학을 고안한 것으로 수학사에서 가장 유명한 사건 중 하나이다.

바로 그 중심에서 펠릭스 클라인이 에미를 부른 것이다. 클라인은 에미가 태어나기 전부터 시작해서 그녀가 어린 시절을 보내는 동안 반수의 유럽 수학자들과 함께 일했으며, '에를랑겐 계획'을 통해 대륙에서 부상하는 기하학의 비전을 통합했다. 수학자들은 자신들이 하는 일이 무엇인지 제대로 알지 못한 채, 새로운 세계를 만들어 가고 있었다. 수학자들의 왕국은 행복감과 낙관주의로 충만했고 학자들은 전지전능함을 느꼈으며, 이미 왕좌를 차지하기 시작한 사람은 그것을 말과 행동으로 표현했다. 즉 다비트 힐베르트[6] 왕—물론 그 역시 괴팅겐 수학자이다—은 "우리는 알게 될 것이다"라고 말했다. 빠르든 늦든 자신들은 알게 될 것이고, 모든 것을 알 수 있을 것이며, 모든 것을 증명할 수 있을 거라고 말이다.

하지만 그는 틀렸다. 그리고 이곳에, 아직은 좀 더 기다려야 하지만 곧 새로운 수학뿐만 아니라 새로운 물리학의 주인공이 될 운명을 지닌 에미가 도착한다.

6) 다비트 힐베르트(David Hilbert, 1862~1943). 독일의 수학자로 20세기 초 가장 위대한 수학자로 손꼽힌다.

에미 뇌터가 태어나기 2년 전, 또 다른 여성이 대학에서 수학을 공부할 꿈을 품고 있었다. 바로 **샬럿 앵거스 스콧**Charlotte Angas Scott으로 그녀의 이야기는 나눌 만한 가치가 있다. 그녀는 당시에 이미 평등한 고등교육을 위해 싸우고 있었던 케임브리지 대학 내 여성 대학인 거튼 칼리지Girton College에 들어갔다. 물론 이 경우에도 기존 질서가 쉽게 바뀌지는 않았다. 여성은 시험을 볼 수는 있어도 대학에서 정식으로 받아들여지지는 않았다. 여성만을 위한 별도의 시험이 있었고, 졸업생 명단에는 포함되지 않았던 것이다. 하지만 원하는 여성은 공식 시험을 요청하고 응시할 수는 있었다. 샬럿은 이러한 선구자 중 한 명으로 1880년 졸업 인정 시험인 트라이포스Tripos를, 그것도 그 유명한 수학과 트라이포스 시험을 보았다(물론 이 시험은 그동안 남자들만 볼 수 있었다). 그 시험에서 뛰어난 점수를 받은 학생들은 우등생 명부인 랭글러(Wrangler: 수학 일급 학위자) 명단에 올라 이름이 공개되고 대학에서 모두의 갈채를 받는다.

1880년 시험 결과 그녀는 여덟 번째 랭글러가 되었다. 하지만 여성이라는 이유만으로 공식적인 성적은 받지 못했다. 시상식에서 담당자가 명단에 적인 일곱 번째 이름 다음에 여덟 번째 이름을 부르려고 할 때 많은 학생이 환호성을 질렀다. "거튼의 스콧! 거튼의 스콧!" 그들은 몇 번이고 계속해서 우등생 명단에서 그 자리를 차지한 여성을 위해 박수를 보내며 환호했다. 그녀의 이름은 별도의 명단에 있었고, 남학생들과 같은 영예를 얻지는 못했지만, 스콧의 성공 덕분에 여성이 트라이포스 시험에서 인정받았다.

여성이 케임브리지 대학에 정식으로 입학할 수 있게 된 건 1948년이 되어서였다. 스콧은 학위를 받기 위해 계속 투쟁했지만, 그럼에도 불구하고 그녀는 결국 여성에게 학위를 인정해 주는 런던 대학에 가서 다시 시험을 봐야 했다. 마침내 1885년(에미가 3살 때), 스콧은 박사 학위를 받았다. 그녀가 뇌터보다 앞서 걸어간 길이 이것만은 아닌데, 그녀는 에미의 최종 종착지인 브린 마르 대학Bryn Mawr College의 창립자 중 한 명이기도 하다.

샬럿 앵거스 스콧

Charlotte Angas Scott

1858~1931

출처: http://www-history.mcs.st-andrews.ac.uk/PictDisplay/Scott.html

- 샬럿은 박사 학위를 받은 최초의 영국 여성으로, 기하학을 사랑하는 수학자였다.

- 그녀는 엄격하기로 유명한 케임브리지 대학의 수학과 트라이포스 시험을 봤고, 8등을 했다. 그래서 여덟 번째 랭글러라는 명예 칭호를 받아야 했지만… 그녀는 받지 못했고, 그 칭호는 다음 등수의 남학생에게 돌아갔다.

- 샬럿은 미국으로 가서 첫 연구 논문인 『뇌터의 기본 정리 증명(A proof of fundamental theorem)』을 발표했다. 이 정리는 에미 뇌터의 아버지인 막스 뇌터에게서 나온 것으로, 복소평면에서의 대수곡선에 관한 내용이다.

- 대수곡선은, 예컨대 $x^2+y^2-1=0$을 만족하는 점 (x, y)처럼, 다항식을 0으로 만드는 평면상의 점이다. 복소사영공간(complex projective space)은 구의 점들을 복소평면으로 옮겨 놓은 멋진 곳이다.

- 이 모양은 북극에서 구 아래에 있는 평면으로 투영한 3차원 극사영(極射影)을 보여 준다.

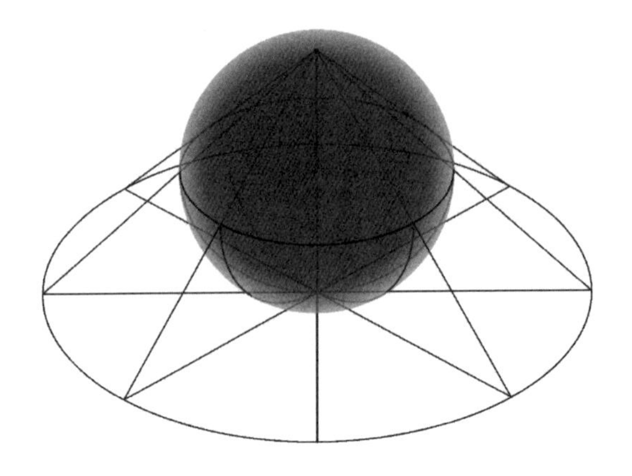

- (막스) 뇌터의 정리는 특정 조건이 주어졌을 때 다른 알려진 곡선의 함수로 주어진 곡선을 표현할 수 있는 경우를 말해 준다. 샬럿은 그 결과에 대한 매우 아름다운 기하학적 증거를 제공했다.

- 그녀는 평면에 좌표들을 표시하는 해석기하학을 사랑한 수학자였다. 좌표로 표시한 덕분에 우리는 자와 컴퍼스의 기하학에서 곡선, 평면, 곡면 등을 나타내는 방정식으로 건너갈 수 있다.

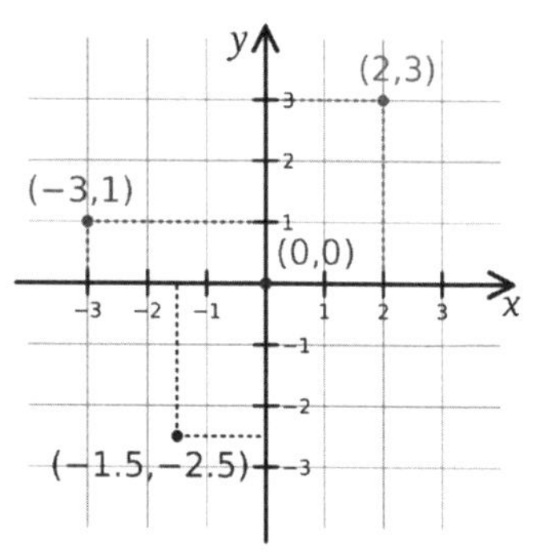

출처: K. Bolino, 2008.

- 샬럿 스콧은 생이 끝날 때까지 기하학에 대해 광범위하게 글을 썼다. 우리는 이 여성이 20세기 초 미국에서 수학을 장려했으며 그때나 지금이나 기하학에서 참고할 만한 인물임을 확신할 수 있다.
- 그녀의 연구 결과와 방법은 수학과 물리학의 다양한 분야, 예를 들면 초전도체 이론 등에 응용된다.
- 스콧 박사님, 감사해요.

4

순환

Cycle

그녀가 만들어 가는 길은 메아리처럼 발을 내디딜 때마다 울리며 퍼져 간다. 불과 3년 전, 그녀는 에를랑겐의 한 대학 교실에 앉아서 대학이 기존 질서의 혼란 없이 여성을 받아들일 수 있음을 조용히 증명했다. 그리고 몇 달 전, 펠릭스 클라인은 괴팅겐 대학에서 그녀를 맞았다. 이곳은 수학의 르네상스를 준비하고 있었고, 에미가 그 부흥기의 주인공으로 부름을 받은 것이다. 그녀는 역사 속에서 자신의 역할을 감당하기 시작한다. 그녀가 20여 년 전에 발을 디딘 이 세상을 변화시키고, 자신만의 가치를 발할 수 있도록 상황이 만들어지고 있었다. 많은 고군분투와 오해가 있었지만, 이제 에미 뇌터는 클라인과 함께 괴팅겐에 있다.

하지만 반년이 채 안 되어 모든 바람이 미래를 향해 불고 있을 때, 그녀는 과거로, 고향인 에를랑겐으로 돌아간다. 그곳의 대학은 이미 여성들에게 문을 열고 있었다. 그런 변화를 누가 상상이나 했겠는가? 그 '무거운 기관'이 변했다. 하지만 다시 돌아온 그녀는 새로 열린 그 길이 아닌, 아직 열리지 않은 또 다른 길을 향해 걷는다. 즉 그녀는 그곳에서 수학 박사 학위를 받길 원한다. 이제는 그녀가 수학자가 되고 싶어 한다는 사실이 분명해졌다. 그녀는 한계를 모르는 사람일까? 에미, 모든 것이 가능한 건 아니야. 당신은 많은 걸 이루었지. 하지만 한계를 아는 것도 나쁘지 않아. 그런 게 바로 분별력이거든. 실제로 그런 전례가 없다. 펠릭스 클라인은 케임브리지 대학에서 박사 학위를 허락지 않던 그레이스 치점 영이라는 영국 여성에게 박사 학위를 주었다. 또, 몇 년 전에는 역시 괴팅겐에서 소피야 코발렙스카야에게 박사 학위를 수여했다. 그녀는 베를린에서 권위 있었던 바이어슈트라스가 총애하는 학생이었다. 코발렙스카야는 괴팅겐 대학에 다닌 적이 없었기 때문에, 그것은 정말 예외적인 일이었다. 예외는 있고, 앞서 걸어간 사람들은 흔적을 남겼다. 하지만 그것이 길은 아니었다. 그 길로는 갈 수가 없어. 에미, 그 길은 존재하지 않아. 에미는 미소를 짓는다. 그것도 진지하게. 그리고 수학 박사가 되리라고 마음먹고 조용히 에를랑겐으로 간다.

박사 학위는 가장 높은 단계의 학위로, 학생은 이 기간 동안 지도 교수의 지도를 받으며 창조적인 연구자의 길을 걷기 시작한다. 또한 이 과정을 통해 연구의 자율성을 얻게 된다. 그래서 무엇보다도 지도 교수를 잘 선택해야 한다. 지도 교수는 연구 윤곽을 잘 잡도록 조언해 주고, 수학자들 모임에서 발표하게 하고, 필요할 때 도움을 줄 것이다. 독립적으로 문제를 해결하도록 동기를 부여하고, 필요한 내용을 요청하며 협력할 것이다. 또한, 자신과 동료들의 연구 과정에 그 학생을 합류시킬 것이다. 대부분 박사 학위 논문에서 다룬 주제의 연구는 앞으로 수학자의 경력에서도 계속 이어진다. 따라서 학생은 지도 교수 집단에 합류하거나, 아니면 적어도 연구원 대 연구원, 동등한 동료로서 관계를 유지한다. 그러므로 자신에게 맞는 지도 교수를 선택하는 것이 매우 중요하다. 박사 과정 속에서 수학자가 태어나고 만들어지기 때문이다.

에미는 파울 고르단의 지도하에 박사 학위를 받을 것이다. 놀랍고도 역설적이다. 실망스러운가? 어느 정도는 실망할 수도 있다. 하지만 이것은 에미 뇌터가 어떤 사람인지를 잘 보여 주는 전형적인 사례이다. 유럽과 프로이센이 한 번도 경험해 보지 못한 매우 어려운 시대를 맞고 있을 때, 수학계는 다른 쪽에 양보하지 않으려고 고집부리며 쇠퇴해 가는 패러다임을 목도하고 있다. 그 사이에서 펠릭스 클라인과 다비트 힐베르트는 친절한 손길로 그 전환을 관리한다. 한쪽에는 베를린 트리오와 '불변식의 제왕'인 파울 고르단의 오래되고 성과 좋은 방법이 있다. 이 왕은 뛰어난 수학자이다. 방정식의 세공사인 그는 수많은 공식과 일련의 추론 및 계산을 통해 수학적 대상에서 해결하기 어려운 몇 가지 비밀을 풀 수 있는 명백한 근거를 제시한다. 그는 엄격함과 체계적인 방법을 중시하는 사람이기 때문에, 직관과 논란의 여지가 있는 주장을 탐닉하는 사치를 허용하지 않는다. 또 다른 쪽에는 헤르만 민코프스키[1]와 다비트 힐베르트, 펠릭스 클라인이 이끄는 괴팅겐 그룹이 자리 잡고 있다. 이들은 위대한 베른하르트 리만의 상속자들로 이미 20세기에 필요한 수학을 구축하고 있다. 그렇다면 괴팅겐 대학에서 클라인의 총애를 받는 에미는 왜 사그라져 가는 요새인 에를랑겐으로 돌아와서 파울 고르단의 지도를 받으려는 것일까? 혹시 여성이기 때문일까? 연로하고 편찮으신 부모님의 외동딸은 집에서 가까운 곳에 있는 게 나은 것일까? 아니면 대학 첫 학년 때 자신을 지지해 준 사람에게 빚을 갚는다는 생각일까?

여기에서 분명하게 알 수 있는 사실은 에를랑겐에 있는 대학이 여성들에게 문을 열었고, 에미는 집으로 돌아오고 있다는 것뿐이다. 어쩌면 그녀는 항상 앞을 향해 가는 용감한 여주인공이나 마

---

1) 민코프스키(Hermann Minkowski, 1864~1909). 독일에서 활동한 러시아 출신 수학자로 정수론에 기하학적 방법을 도입하여 새로운 영역을 개척한 연구로 유명하다. 아인슈타인이 대학생 때 그의 수업을 들었다.

땅히 받아야 할 것을 위해 싸우는 여성, 자기 힘을 주장하는 강한 여성이 아닐 수도 있다. 우리는 타인의 강요 또는 자신의 선택으로(이 둘을 항상 구별할 수 있는 건 아니지만) 자기 날개를 접고 원래 능력보다 낮게 날기로 마음먹으며 전통적 가치를 향하는 한 여성과 마주하고 있다. 그녀는 수학뿐만 아니라, 집에 있는 부모님을 살뜰하게 살피고 돌본다. 그녀는 혁신가이긴 하지만 혁명가는 아니다. 그녀가 고향과 가족들 옆에서 받는 박사 학위는 뭔가 별난 것 같지만, 적절해 보이기도 한다. 어쨌든 뭔가를 포기했다고 해서 그것이 다 좌절의 이야기는 아니다. 인생의 끝이라고 생각할 필요는 없다. 이곳에서 그녀의 연구 경력은 향후 25년 동안 세계 수학계가 경험하게 될 변화의 원형이 될 것이다. 그리고 그것을 위해서 그녀는 고향에서, 불변식의 제왕인 고르단의 안전한 처마 아래에서 학자의 길을 시작해야 한다.

다음 글의 제목은 숨을 좀 쉬어 가면서 천천히 읽어 보길 바란다. 「삼변수 쌍이차형식의 완전한 불변식 체계에 관하여Über die Bildung des Formensystems der ternären biquadratischen Form」. 이것은 에미 뇌터의 박사 학위 논문 제목으로, 칠십 대에 접어든 파울 고르단의 지도를 받아 1907년에 완성되었으며, 12월 13일 논문 심사에서 최우수 평가를 받는다. 누가 그 결과를 의심할 수 있을까? 처음부터 끝까지 섬세하고 까다롭고 끝없는 계산이 가득한 이 논문은 주요 결과인 '삼변수 쌍이차형식에서 331개의 불변식'으로 귀결된다. 그녀는 고르단 문하에서 광을 낸 보석이다. 젊은 에미는 자기 뜻을 꺾고 고르단의 스타일에 맞추는 방법을 잘 알고 있었다. 그리고 그 공식들의 지루한 곡조를 들으면서 고도의 집중을 요구하는 끝없이 반복되는 춤을 추었다. 막스 뇌터는 그런 딸이 자랑스럽다. 하지만 그녀는 절대 그 논문에 만족하지 않을 것이다.

그 다음, 에미는 주위 환경이 그녀를 위해 열어 준 작은 구멍에 자신을 맞춘다. 이제 그녀는 성숙한 연구자가 되었고, 불변계에 대한 연구 논문을 출판하기도 했다. 그녀가 도달한 정상이 시원찮고 평범해 보일 수도 있겠지만, 처음 이 경주를 시작했을 때만 해도 이곳은 그녀가 감히 근접할 수 없는 곳이었다. 물론 그녀가 남성 동료들과는 달리 대학에서 가르칠 수 없다는 사실은 분명한 한계이다. 하지만 그녀는 종종, 그러다 점점 더 자주, 아픈 아버지를 대신해서 그의 학생들을 가르친다. 심지어 박사 과정 학생들도 지도한다. 대학도 그 일을 알고 있지만, 그들은 그녀가 아버지의 힘없는 목소리를 대신하며 그를 보살피는 일종의 간호사라고 여긴다. 그렇게 에미는 스물여덟 살이 되었고, 더는 어린 소녀가 아니다. 그녀는 침묵과 외로움, 돌봄의 운명을 지닌 채 열심히 학업을 이어 간다. 그녀는 여전히 행복하지만, 지금과 다른 선택을 했다면 어땠을까 하는 생각을 처음으로 해 본다.

수학 박사 학위를 취득한 최초의 여성은 러시아인 **소피야 코발렙스카야**Sofya Kovalevskaya였다. 그녀는 모든 면에서 뛰어났던 진정한 개척자이며, 에미 뇌터와 더불어 역사상 가장 영향력 있는 여성 수학자 중 한 명이다. 조숙했던 그녀에 관한 놀라운 일화가 있다. 그녀의 가족이 시골로 이사를 하게 되었는데, 당시 그녀의 부모는 아이들의 방 벽지를 바를 종이를 구하지 못했다. 그래서 우선 급한 대로 옛날 글자가 적힌 종이로 도배를 했는데, 훗날 그 내용은 위대한 수학자 미하일 오스트로그라드스키Mikhail Ostrogradsky[2]의 미적분 강의로 밝혀졌다. 보통의 아이들에게 그런 방은 악몽을 불러일으켰겠지만, 소피야는 그 이해할 수 없는 공식에 매료되었고 비록 판독할 수는 없었지만 수식들은 그녀의 마음속에 각인되었다. 처음 미적분학 수업을 들었을 때, 그녀는 그것을 놀라운 속도로 이해했다. 선생님은 그녀가 그것을 미리 알고 있었던 것 같다고 말할 정도였다. 물론 그것은 어렸을 때 그녀의 방에서 봤던 내용이었다.

이후 그녀는 러시아에서 공부할 수 없게 되자 위장 결혼[3]을 해서 독일로 갔는데, 그곳에서도 에미 뇌터처럼 청강생으로만

2) 우크라이나의 물리학자이자 수학자로 '오스트로그라드스키 불안정성'으로 유명하다.

3) 당시 러시아에서 여성은 대학 진학을 할 수 없었고, 독신 여성은 외국 유학도 허용되지 않았다.

수업에 참여할 수 있다는 걸 알게 되었다. 하지만 겁이 없고 반항적이며 투쟁적인 강한 성격의 그녀는 혼자 힘으로 정상에 도달하기로 마음먹고, 다름 아닌 '베를린 황제' 바이어슈트라스에게 개인 교습을 요청했다. 그는 그녀를 떼어 내기 위해서 그녀에게 상급 학생들이 푸는 문제들을 냈다(아마도 학생들을 거르는 일반적 방법이었을 것이다). 그런데 그녀는 뛰어난 머리로 정확할 뿐만 아니라 독창적으로 모든 문제를 풀어냈다. 그때부터 바이어슈트라스는 그녀를 학생으로 받아 주고, 그녀의 스승이 되었다. 4년 후 소피야의 실력은 바이어슈트라스가 볼 때도 충분히 학위를 받을 만했다. 그녀는 괴팅겐 대학에 지원해서(베를린에서는 불가능했다) 박사 학위를 받았는데, 그녀가 박사 학위를 받기 위해 제출한 세 논문 중 하나만으로도 학위를 받기에 충분했다. 그래서 그녀는 따로 시험을 볼 필요가 없었고, 괴팅겐에도 가지 않았다.

하지만 수학 박사가 되는 것과 수학자로 일할 수 있는 건 또 다른 문제였다. 박사 학위를 받은 후 수학자로서의 일자리를 찾지 못했던 코발렙스카야는 예술과 철학, 문학 그리고 상트페테르부르크의 상류 사회 생활에 전념했다. 하지만 바이어슈트라스는 결코 그녀를 잊지 않았고, 그녀를 수학계로 돌아오게 하려고 온갖 애를 썼다. 결국, 위대한 스웨덴 수학자 미타그레

플러Mittag-Leffler가 바이어슈트라스 말을 듣고 그녀를 설득했다. 그녀는 베를린과 파리에서 여러 곳을 전전한 후에야 스톡홀름의 한 대학에서 여성으로는 최초로 수학 교수직을 맡았다. 그녀는 최초의 여성 수학 박사이자 최초의 여성 수학 교수였을 뿐만 아니라, 수학 저널의 편집위원이 된 최초의 여성이기도 하다. 소피야 코발렙스카야는 모든 어려움에도 불구하고 남성 동료들과 동등한 위치에서 일한 최초의 여성이었다. 열정적이고 지적 능력이 뛰어났던 그녀는 마흔한 살에 죽음을 맞았는데, 당시 바이어슈트라스와 푸앵카레부터 다윈, 입센, 도스토옙스키에 이르기까지 그녀의 친구들이 유럽 전역에서 그녀를 애도했다.

코발렙스카야만큼 강렬한 빛은 아니었지만, 에미 뇌터 이전에 또 한 명의 위대한 여성이 괴팅겐의 클라인 손에서 수학 박사 학위를 받았다. 그녀는 **그레이스 치점 영**Grace Chisholm Young으로, 앞서 소개한 샬럿 스콧처럼 케임브리지의 거튼 칼리지에서 공부했지만, 뛰어난 실력에도 불구하고 박사 학위를 받을 수가 없었다. 펠릭스 클라인은 그녀가 여성이라는 이유로 재능을 버리는 건 말도 안 된다고 확신했고, 괴팅겐 대학은 그녀에게 손을 내밀었다. 그녀는 에미 뇌터보다 12년 전에 일반적인 방법(대학 교육 과정을 마치고 논문을 쓰는 방법_옮긴이)으로 박사 학위를 받은 최초의 여성이었다.

그녀는 많은 여성 과학자들과 마찬가지로 과학자이자 어머니 그리고 아내의 삶을 동시에 살았다. 하지만 하나를 위해서는 다른 하나를 희생하기 마련이다. 그녀는 여섯 자녀를 교육해서 명문 과학자로 키워 냈다. 그녀의 품에서 두 명의 여성 수학자와 한 명의 여성 물리학자가 나왔다. 또한, 두 아들은 각각 수학자와 화학자가 되었다. 그 외 한 명은 제1차 세계대전 때 징집되었다. 그녀는 수학자인 남편과 함께 200편이 넘는 과학 논문과 여러 권의 책을 썼지만, 그레이스의 이름이 적혀 있는 곳은 몇 곳 되지 않았다. 그녀의 남편인 윌리엄William Henry Young은 편지에서 다음과 같이 말했다. "우리 둘 다 논문에 서명해야 하지만, 만일 그렇게 한다면 우리 모두에게 도움이 안 될 거요. 분명 그럴 거요. 나에게는 지금 명예와 지식이 있소. 당신에게는 지식뿐이고. [⋯] 지금 당신은 공적인 경력을 쌓을 수 없지 않소. 돌봐야 할 아이들이 있으니 말이요. 나는 쌓을 수 있으니, 내가 하겠소."

소피아 코발렙스카야

Sofya Kovalevskaya

1850~1891

1888년 무렵의 소피아 코발렙스카야
출처: http://www.goettinger-tageblatt.de/newsroom/wissen/dezentral/wissenlokal/art4263,603649

- 소피아(Sofya) 또는 소냐(Sonja)는 여성 수학자 중에 최초라는 수식어가 늘 따라붙는 인물로, 그녀의 삶과 업적은 흥미롭고 진취적이며 인상적이다.
- 그녀는 페미니스트이고 문학에 조예가 깊었으며, 몽상가면서 실용주의자로 다양한 면모를 보여 준다.
- 그녀의 수학 연구는 매우 다양한 분야를 아우르지만, 모두 편미분 방정식과 연결되어 있다. 그녀는 바이어슈트라스의 제자이자 협력자로 그와 함께 많은 수학을 만들어 냈다.
- 가장 잘 알려진 성과는 편미분 방정식에 대한 '코시-코발렙스카야 정리(Cauchy-Kovalevskaya theorem)'이다.

- 이 정리에 따르면, 계수 a, b, c 그리고 f를 수렴되는 멱급수로 표현할 수 있다면 그 해는 아래 식처럼 표현될 수 있다. 이것은 분명 편미분 방정식의 풀이 가능성에 대한 몇 안 되는 일반 정리 중 하나이다.

$$a(x,y)\frac{\partial u}{\partial x} + b(x,y)\frac{\partial u}{\partial y} + c(x,y)\frac{\partial^2 u}{\partial x \partial y} = f(x,y)$$

- 그녀는 또한 오일러[1]나 라그랑주[2]처럼 자이로스코프(gyroscope)[3]와 같은 강체(rigid body)[4]의 움직임을 연구했다.

- 해석 함수(analytic function)[5]로 강체의 운동 문제를 풀 수 있는 사례는 세 가지만 알려져 있다. 그중 두 가지는 각각 오일러와 라그랑주가 풀이하였으며 매우 잘 알려져 있다.

- 코발렙스카야가 풀이한 세 번째 사례는 신도 모를 건데, 아마도 그 기술적 수준 때문일 것이다. 또한 그녀는 이 세 가지 사례를 제외하고는 해석적으로 그 문제를 풀 수 없음을 증명했다.

- 말하자면 강체의 운동 문제는 삼체문제[6]와 같은 개념적 평면에 있다. 따라서 우리에게 일관성이 있다면, 푸앵카레(삼체문제의 일반해를 구하는 것이 불가능함을 증명)와 코발렙스카야는 똑같이 혼돈의 할아버지이자 할머니라고 인정해야 할 것이다.

- 그녀는 강체의 운동에 관한 연구로 프랑스 학술원에서 수여하는 보르댕(Bordin)상을 받았다.

- 소피야는 토성 고리의 모양과 거동도 연구했는데, 라플라스[7]의 결과를

일반화하고 개선하고자 노력했다. 토성 고리의 형성, 역학 및 모양은 칸트(Immanuel Kant), 맥스웰(James Clerk Maxwell), 라플라스 같은 이들이 공략을 시도했던 문제였다.

그녀는 현재 편미분 방정식이 등장하는 모든 수학 및 물리학의 참고 기준이다.

소냐, 정말로 고마워요.

---

1 오일러(Leonhard Euler, 1707~1782). 스위스의 수학자이자 물리학자로 베를린 과학아카데미 수학 부장을 지냈다. 함수의 개념을 처음 확립했고, 함수 기호를 비롯한 여러 수학 기호를 창안했으며, 삼체문제, 달의 운동, 섭동론 등의 물리학 문제에도 몰두했다.

2 라그랑주(Joseph-Louis Lagrange, 1736~1813). 이탈리아 출신의 프랑스 수학자, 천문학자로 특히 저서 『해석역학』을 통해 이론물리학에 크게 기여했다.

3 회전체의 역학적인 운동을 관찰하는 실험기구로 회전의라고도 한다.

4 크기가 유한하고, 힘을 받아도 변형이 생기지 않는 물체.

5 복소수를 변수로 가지는 복소수 함수에서, 복소 변수에 대하여 미분 가능한 함수.

6 세 물체 간의 중력 작용과 그 결과로 인한 궤도 움직임을 다루는 문제.

7 라플라스(Pierre Simon Laplace, 1749~1827). 프랑스의 수학자이자 천문학자로, 18세기에 처음으로 토성 고리에 관한 계산을 하고 토성 고리가 유성 궤도처럼 타원형일 거라고 추정했다.

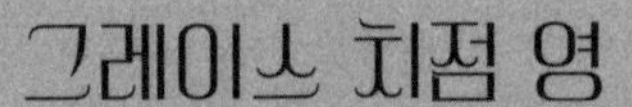

그레이스 치점 영

Grace Chisholm Young

1868~1944

그레이스 치점 영, 1923년 무렵

그레이스의 학문적 삶은 복잡했다. 그녀는 많은 논문과 몇 권의 책을 썼는데, 저작물 대부분에 남편과 함께 서명했다. 그녀의 남편[1]은 그레이스와 결혼한 나이인 35세까지는 연구에 관심이 없었던 수학 강사였다. 우리가 편파적으로 생각하는 게 아니다. 아들을 포함한 모두가 그 저작물의 진짜 저자가 그녀임을 인정했다.

그녀는 가정과 여섯 자녀와 남편을 돌보며, '여가'에 잠시 짬을 내서 수학적 결과물을 얻어 냈다. 문맥상 이쯤에서 그녀의 남편 이야기가 나와야 하겠지만, 건너뛰고 곧바로 그녀의 수학 이야기로 가 보자.

그녀와 남편은 칸토어의 집합론과 르베그 적분[2]에 대한 아이디어의 '해설자'이자 '전파자'였다.

- 그녀가 이룬 주요 업적은 수학에서 실해석학(real analysis)으로 알려진 분야이다. 실해석학은 수학을 공부하는 사람이 접할 수 있는 가장 어려운 분야라고 할 수 있다.

- 이 부부는 실함수[3]와 그것의 도함수[4] 분류에도 크게 기여했는데, 그 과정에서 어떤 지점에서도 도함수가 정의되지 않는 연속 곡선을 발견했다. 즉 그녀는 우연히 프랙털(fractal)[5]을 발견했고, 평생 동안 그 '곡선들'이 분자와 원자를 설명하는 데 도움이 될 거라고 생각했다.

- 그녀는 한 시대를 상징하는 책 두 권의 공동 저자이다. 한 권은 『점의 집합론(The theory of sets of points)』인데, 수의 집합, 유리수, 무리수, 열린 집합[6]의 가산(可算) 교집합인 부분집합을 알고 싶다면 이 책이 좋다. 기하학을 설명하는 아름다운 책이자 삼차원 공간 기하학에 바치는 찬가인 『기하학 첫걸음(Beginner's book of geometry)』도 추천한다.

- 그레이스는 박사 학위를 취득하고 연구를 하기 위해 모든 역경에 맞서 싸워야 했다. 고마워요, 그레이스.

---

1 그레이스의 남편은 '영의 부등식'으로 유명한 윌리엄 헨리 영이다.
2 측도 공간에서 정의된 적분으로 함수의 값을 쪼개어 적분을 정의한다.
3 실수 집합을 정의역과 공역으로 갖는 함수.
4 어떤 함수를 미분하여 얻는 함수.
5 예를 들면 나뭇잎의 잎맥처럼, 임의의 한 부분이 전체의 형태와 닮은 도형. 또는 그런 도형이 계속 반복되는 구조.
6 스스로의 경계를 포함하지 않는 위상 공간의 부분집합.

5

중심
Nucleus

크고 작은, 수많은 사건의 무게는 역사의 시공간 연속체space-time continuum를 변화시키고[1], 우리의 경로를 늘 거의 되돌릴 수 없게 그려 놓는다. 그런 낯선 궤도 변화를 읽을 줄 아는 사람은 자기 의지로 궤도를 여행할 수 있지만, 그렇지 못한 대부분의 사람들은 반복적인 운명의 주기를 지닌 시시포스의 바위처럼 끌려다닐 수밖에 없다. 에미 뇌터의 경우, 그녀가 겪은 네 가지 사건의 질량이 삶에 예상치 못한 궤도를 만들었다. 그녀는 그렇게 만들어진 길을 따라 자신을 기다리고 있는 역사의 장소로 들어간다. 첫 번째는 파울 고르단의 은퇴라는 사소하지만 가까이 있는 질량이고, 두 번

1) 시공간 연속체란 시간과 공간이 하나로 통일된 4차원의 시공간을 말하며, 아인슈타인의 일반 상대성 이론에 따르면 물체의 질량이 주위의 시공간을 휘게 한다.

째는 제1차 세계대전의 거대하고 어둡고 끔찍한 질량이다. 그리고 세 번째는 가우스가 시작했고 리만과 클라인이 주도한, 괴팅겐에서 떠오르고 있는 새로운 기하학 곧 새로운 수학이라는 자라나는 질량이고, 마지막으로 네 번째는 알베르트 아인슈타인의 상대성 이론이라는 갑작스럽고 폭발적인 질량이다.

이번 여정은 최근 박사 학위를 받은 에미 뇌터와 함께 시작한다. 그녀가 아버지인 막스 뇌터를 대신해서 수학 강의를 하는 시간은 갈수록 늘어나고, 대학은 이런 편법을 못 본 척 넘긴다. 그렇게 집안일을 돕고 어머니를 돌보면서 그녀는 조금씩 수학계에서 사그라져 가고 있다. 도달할 수는 없지만 그리 멀리 않은 수학 세계의 다른 은하계에서 수학의 별들이 탄생하고 있는 이때 말이다. 하지만 주목할 것이 있다! 별것 아닌 사소한 사건이 이 이야기의 연속성을 깨뜨린다. 에를랑겐에서 멀리 떨어진 곳에서는 감지하기도 어려운 사소한 일이다. 그녀의 스승인 파울 고르단이 1910년 73세의 나이로 은퇴하자, 그의 후임으로 괴팅겐에서 활동적인 청년이 도착했다. 그의 이름은 에른스트 지기스문트 피셔Ernst Sigismund Fischer로, 그는 이 이야기에서 돌이킬 수 없는 사건의 원인 제공자가 될 것이다. 그는 민코프스키와 함께 연구했고, 펠릭스 클라인을 비롯한 수학자들이 수행하고 있는 기하학 혁명에 마지막까지 관여한다. 그와 에미와의 대화는 즉각적으로 이루어진다.

즉, 그녀가 질문하면 그는 즉시 그녀에게 대답한다. 그리고 그녀가 있었어야 했던 그곳, 괴팅겐에서 일어나는 일들을 자세히 설명해 준다. 에미는 힐베르트의 아이디어, 물리학자 카를 슈바르츠실트Karl Schwarzschild와 그가 함께한 작업, 괴팅겐의 젊은 연구자들과 관련된 문제까지, 그가 전해 주는 모든 이야기를 하나도 놓치지 않고 받아들인다. 그들은 매일 만나지만, 그것만으로는 충분하지 않아 엽서까지 주고받는다. 에를랑겐에서 에를랑겐으로 오가는 엽서, 대학의 소식을 나누고 함께 산책하는 이야기가 담긴 두 사람 사이의 엽서, 추론과 계산으로 꽉 찬 엽서가 오간다.

에미는 서서히 수학자로서 이름이 알려지기 시작하고, 수학자 사회의 일원이 되어 간다. 그녀는 유명한 '팔레르모의 수학 서클Circolo Matematico di Palermo'에 합류하고, 독일수학회Deutsche Mathematiker-Vereinigung의 회원이 되고, 오스트리아 빈에서 강연 요청까지 받는다. 또한 구체적인 수학 주제를 토론하는 포럼에도 참석한다. 그녀는 뒤돌아서 고르단의 불변식과 이별 인사를 나누고 곧장 앞을 바라본다. 그 엄청난 대화와 엽서 그리고 긴 시간 동안의 연구 결과인 에미의 논문은 「유리 함수의 체[2]와 시스템Körper und Sys-

2) 체(體, field)는 대수학적 개념으로, 0으로 나누는 나눗셈을 제외한 사칙연산이 자유로운 집합을 뜻한다. 예를 들면 유리수는 덧셈이나 곱셈 연산을 한 뒤에도 언제나 유리수이고 역연산인 뺄셈과 나눗셈도 자유롭게 가능하므로 '유리수의 체'라고 할 수 있다.

teme rationaler Funktionen」이라는 제목으로 국제학술지인 《수학 연감 Mathematische Annalen》에 실린다. 이것은 쉽게 사라질 수학 논문이 아니다. 괴팅겐에서 생겨난 박자에 맞춰 멋지게 춤을 추는 수학계의 새로운 무용수가 등장했음을 알리는 논문이다. 피셔와의 대화에서 영감을 얻은 에미는 이처럼 역사의 궤도에 확실한 첫발을 내딛는다. 그리고 곧 세계대전이 일어난다.

피셔는 전선으로 나가지만, 돌아올 것이다. 카를 슈바르츠실트도 전선으로 나가는데, 그는 죽게 된다. 이렇게 매일매일 수천 명의 운명을 결정짓는 주사위가 던져지고 있다. 역사 속 시공간 연속체는 완전히 뒤틀렸다. 남성들은 계속 전쟁터로 나가고, 인류 역사상 가장 피비린내 나는 전쟁에서 2,000만 명이 죽게 될 것이다. 프로이센은 무너지고 일상은 사치와 필수를 구분할 수 없는 불확실한 상태에서 멈춰 버린다. 이 전쟁과 직접적인 관련이 없는 활동을 계속하려는 모든 시도는 사치로 치부된다. 예를 들면, 에를랑겐의 여성 수학자의 활동이 그렇다. 우리는 에미가 매일 집과 대학을 왔다 갔다 하는 모습을 상상할 수 있다. 한산한 복도와 교실, 예전과 달리 고요한 거리. 모든 부재不在는 곧 고통이다. 이러한 때에 정신적 활동은 그녀에게 피난처가 된다. 수학은 역사상 가장 강력한 폭발로 생긴 여파를 견디게 하고, 생각을 집중하게 해 주는 고립된 참호였다. 전쟁이 시작되고 치명적인 총격 사건이 발생한 지 불과 열 달 뒤인 1915년 4월, 에미는 괴팅겐 대학의 초청을 받는다. 새로운 수학의 거장인 힐베르트와 클라인이 에를랑겐에서 반쯤 묻혀 살던 이 여성에게 보낸 공동 초청장이다. 초청의 이유는 두 가지인데, 하나는 점점 더 많은 국가가 전쟁에 참여하는 상황에서 교사들의 빈자리를 채우기 위해서이고, 다른 하나는 믿기 힘들 만큼 매력적인 주제가 나타났기 때문이다. 즉, 아인슈타인의 상대성 이론에서 완전히 해결되지 않는 부분이 있어서 새로운 수학적 발명이 필요했다. 힐베르트는 온 힘을 다해 이 문제에 매달리고 있었고, 여기에 최고의 두뇌들이 합류해야만 했다.

그녀는 집을 바라본다. 부모님은 연로하고 남동생들은 몸이 아프거나 전선에 나가 있다. 하지만 이런 상황에서도 모두가 그녀에게 그 요청에 응해야 한다고, 주저 없이 괴팅겐으로 가라고 말한다. 그곳으로 가는 것이 진정한 그녀의 궤도이며, 역사 속에서 그녀의 자리를 찾아가는 거라고 말이다. 그렇게 그녀는 떠난다.

에미 뇌터는 클라인과 힐베르트와 함께 연구를 시작한다. 특히, 힐베르트의 연구 결과를 이미 알고 있던 그녀는 그의 연구에 새로운 결과들을 더한다. 그렇게 그녀는 그곳에서 자신의 능력을 내보이기 시작했다. 누구와 함께하든 그녀는 그들을 향상시킬 수 있을 것이다. 그런데 새로운 생활을 시작한 지 두 달 만에 그녀의 도약은 또다시 중단된다. 에를랑겐에 있던 어머니, 이다 아말리아 카

우프만Ida Amalia Kaufmann이 세상을 떠났기 때문이다. 이 마지막 사건의 질량은 장녀인 그녀를 고향으로 확실하게 끌어당긴다. 다시 한번, 에미와 그녀를 위해 아주 조심스럽게 그려지던 경로 사이에 종착점이 끼어든다. 앞서 했지만, 또 말해도 좋을 것 같다. 이런 이상한 인생 궤도의 변화를 읽을 줄 아는 사람은 자기 의지대로 궤도를 여행할 수 있다. 막스 뇌터는 이런 재난을 두고 보지 않고, 딸을 괴팅겐으로 돌려보낸다. 딸이 고향에 눌러앉아 연로한 아버지를 돌볼 수 없다는 걸 가장 잘 아는 사람은 바로 그녀의 아버지다. 그녀를 가장 잘 아는 사람이 있다면, 그건 바로 막스 뇌터이기 때문이다. 그는 모든 사람이 "그녀는 할 수 없다"고 말했을 때 미소를 지었고, 이제 그녀를 놓아 주면서 다시 미소를 짓는다. 물론 너는 할 수 있어, 암 할 수 있고말고. 그렇게 여성과 수학자라는 두 갈래 길로 인해 고충을 겪던 그녀의 삶은 한 방향으로 정리된다. 물론 그녀는 괴팅겐과 에를랑겐을 자주 오갈 것이다. 하지만 이제 에미는 자신의 과제를 수행하기 시작할 것이다.

여러 물리학자와 수학자가 몇 년간 아인슈타인의 이론에 맞는 공식을 찾고 있었다. 일명 '기적의 해Annus Mirabilis[3]'인 1905년, 그녀가 삼변수 쌍이차형식에서의 불변계에 매진하는 동안 아인슈

3) 아인슈타인이 한 해 동안 20세기 과학 기술의 기본 바탕을 이룬 4편의 논문들을 발표한 해.

타인은 네 편의 논문을 발표한다. 그중 두 작품에 상대성 이론의 원리가 들어 있다. 아인슈타인은 물리학을 하는 방법과 우주에 대한 이해를 바꾸어 놓았다. 그러나 이 새로운 이해를 위해서는 처음에 아인슈타인 자신도 인정하기를 꺼렸던 복잡한 수학 공식이 필요했다. 상대성 이론을 기술하려면 시간과 공간을 낯선 4차원 기하학에 맞추는 것이 필요하다는 사실을 가장 먼저 깨달은 사람은, 아인슈타인의 교수이자, 에미의 동료인 피셔의 교수이기도 했던 헤르만 민코프스키였다. 그 낯선 기하학은 다름 아닌 가우스가 시작했고, 리만이 발전시켰으며, 클라인이 이해한 기하학이었다. 민코프스키와 힐베르트 그리고 클라인은 괴팅겐 주변을 오랫동안 걸으며 과학과 인생 그리고 전쟁(이 이야기는 가능한 한 적게)과 기하학에 관해 이야기했다. 이 새로운 물리학에는 새로운 수학이 필요했고, 그것은 매우 복잡했다. 여러모로 의심과 논쟁의 시기였다. 결국, 수학자들과 물리학자들은 서로를 이해할 수밖에 없다는 걸 알았지만, 그러기 전까지는 그들 사이에 비난과 오해라는 보이지 않는 벽이 놓여 있었다.

에미가 어머니의 죽음으로 에를랑겐에 있는 동안, 아인슈타인이 1915년 여름 괴팅겐 대학을 방문해서 상대성 이론에 관한 강연을 했다. 힐베르트는 눈앞에서 펼쳐진 수학적 문제를 완벽하게 이해했고, 아인슈타인과 이야기를 나누었다. 그해 여름 이후로 두

거장은 각자 그리고 나란히 우주의 수학을 풀기 위해 노력했다. 그들은 그 비상한 물리학자의 뛰어난 통찰력에 걸맞은 정확하고 발전된 수학적 형식을 내놓으려고 애썼다. 가을이 되었을 때, 아인슈타인은 여름에 괴팅겐에서 발표한 일반 상대성 이론에서 스스로 설명할 수 없는 결함이 있고, 이것으로 고통받고 있음을 인정한다. 힐베르트는 그 부분을 알아채고 문제 해결을 위해 결정적인 반론을 시작한다. 이제 에미 뇌터는 힐베르트 팀에서 일하는 중이다. 공교롭게도 불변식 이론이 힐베르트의 접근 방식에서 핵심 역할을 한다. 놀랍게도 이것은 바로 에미가 에를랑겐으로 돌아가 고르단과 함께 연구했던 그녀의 논문 주제이기도 하다! 그래서 힐베르트와 클라인은 그녀를 괴팅겐으로 부른 것이다! 그녀는 고르단 왕가의 마지막 상속자이자, 힐베르트가 발전시킨 새로운 틀 안에서 예전 이론을 해석할 줄 아는 최초의 인물이기 때문이다. 이미 피셔는 그녀와의 산책과 엽서들에 대해 힐베르트에게 매우 꼼꼼하게 설명했었다. 과거에서 생겨나지 않은 현재란 없다.

한편, 아인슈타인은 그의 분야인 물리학 안에서 이전과는 다른 방법으로 해결책을 찾으려 노력한다. 그 결과 뉴턴 물리학으로는 풀 수 없는 수성 궤도의 근일점 이동[4]을 설명할 수 있게 되었다.

---

4) 수성이 태양 주위를 공전할 때 근일점(타원 궤도에서 한 초점과 가장 가까운 점, 즉 태양과 수성이 가장 가까워지는 점)은 100년마다 43초씩 이동하는데, 뉴턴 역학으로는 이 현상을 설명할 수 없었다.

그 중요한 일이 벌어진 달은 1915년 11월인데, 그달 20일에 힐베르트가 먼저 그 문제를 해결했다! 그는 '괴팅겐 과학아카데미'의 한 학회에서 기하학과 물리학의 관계를 설명하면서 "수학이 옳으면 그에 따른 물리학도 옳다"는 우아하고도 강력한 주장을 한다. 그리고 그달 25일, 아인슈타인도 그것을 해결했다! 그는 완전히 다른 방법으로, 즉 물리학과 수학적 논거를 동원하고 천문학 관측과 실험의 성공을 뒤따름으로써 자신이 설계한 이론에 필요한 만큼의 견고함을 부여했다. 이렇게 이 두 영웅은 한목소리로 승리를 노래한다. 아인슈타인은 물리학의 역사에서 더 큰 돌파구를 만들어 낸다. 그의 공로는 대단히 인정받을 만하다.

이제 노인이 된 클라인은 수학뿐 아니라 물리학에서도 세계의 중심지가 된 괴팅겐의 상황을 즐긴다. 에미는 그곳에서 확고하게 자리 잡고, 이전까지 아무도 올라간 적이 없는 과학의 정상을 오르고 있다. 하지만 행복만 있는 건 아니다. 에미는 괴팅겐에서도 정식 직업을 갖지 못한다. 교육 당국은 여성이 독일 대학에서 가르치는 것을 허용하지 않는다. 하지만 늘 그랬던 것처럼 그녀는 미소 짓는다. 결국엔 그걸 해낼 것임을 알고 있기 때문이다. 생명의 불씨가 꺼져 가고 있는, 노인이 된 막스 뇌터 또한 에를랑겐에서 미소를 짓고 있다.

개척자들의 시대는 사실상 에미 뇌터와 그녀의 동시대 사람들과 함께 막을 내렸다. 20세기의 첫 삼분의 일 시기에 이미 수학자들이 관여하는 모든 영역의 일에 여성들이 참여했는데, 아마도 다른 과학 분야나 다른 학계에 비하면 다소 빠른 속도였을 것이다. 수학을 전공하는 여학생들과 여교사들이 교실에 점점 더 많이 나타났고, 매우 소수이긴 하지만 아주 서서히 여러 수학 학회에, 중요한 수학적 의견들이 교환되는 회의에, 수학 저널 편집위원으로, 요컨대 이런 보편적인 수학자들만의 사회에 일상적으로 여성 수학자들이 모습을 드러내기 시작했다. 그 중에서도 두 여성은 세기를 건너며 전쟁과 질병을 극복하고, 수학자들이 활동하는 거의 모든 분야에서 실질적으로 일했다.

그중 한 명이 바로 **올가 타우스키-토드**Olga Taussky-Todd이다. 그녀는 에미 뇌터보다 어리지만 동시대 인물이었고, 괴팅겐에서 에미의 학생이었다. 올가가 에미를 만났을 때는 에미의 명성이 절정에 이르던 때로, 그녀는 에미의 영향을 많이 받았다. 올가 타우스키-토드의 이야기는 성공한 여성 수학자 스토리 중 하나다. 그녀는 여성의 참여가 양극단을 오가던 20세기를 모두 경험했으며, 모든 혹은 거의 모든 수학 포럼에 여성이 있는 모습을 자연스럽게 목격했다. 그녀의 인생에서 몇몇 이정표 목록을 열거해 보자.

1906년에 출생한 그녀는 1924년 빈에서 필리프 푸르트벵글러Philipp Furtwängler[5]의 지도로 박사 학위를 받았다(참고로 그녀의 논문은 정수론에 관한 내용이다). 그녀의 연구는 오스트리아의 수학자인 한스 한Hans Hahn과 에미 뇌터의 영향을 받았고, 선형대수학과 그 응용 분야(실수와 복소수 행렬 이론real and complex matrix theory)에서 두각을 나타냈다. 그 후 괴팅겐 대학에서 힐베르트의 연구를 검토하는 일을 맡았다. 1934년에는 정치적 상황 때문에 미국으로 이민을 갔다가 다시 영국으로 이주했으며, 그곳에서 존 토드John Jack Todd와 결혼했다. 그녀와 남편은 다루는 수학 분야가 달랐지만, 몇 편의 논문을 함께 썼다. 제2차 세계대전 당시에는 영국 항공생산부The Ministry of Aeronautical Production in England에서 일했고, 전쟁 후에는 쿠란트 수학 연구소Courant Institute of Mathematical Sciences와 미국 국립표준기술연구소National Institute of Standards and Technology에서 근무했다. 이 기간에 그녀는 뛰어난 수학자 그룹과 함께, 컴퓨터 시대의 탄생과 밀접한 관련이 있는 행렬 이론의 부흥에 이바지했다. 그녀는 세계에서 가장 권위 있는 기관 중 하나인 일명 칼텍Caltech으로 불리는 캘리포니아 공과대학California Institute of Technology

---

5) 독일 수학자로 유체론에 기여했다. 1869년 괴팅겐 대학에서 박사 학위를 받고, 빈 대학에서 가르쳤다.

에서 일했으며, 그곳에서 수업을 하고 논문 지도를 하다가 1977년에 은퇴했다. 연구 기간 동안 그녀는 행렬 이론과 정수론에 관한 300편 이상의 논문을 썼다. 1971년에는 미국수학회AMS로부터 포드상을 받았고, 오스트리아 과학아카데미(1975), 바이에른 과학아카데미(1985) 및 미국과학진흥협회AAAS(1991)의 회원으로 선정되었다. 1978년 오스트리아에서는 그녀에게 명예 십자상을 수여했다. 빈 대학University of Vienna과 서던캘리포니아 대학University of Southern California에서 명예 학위를 받기도 했으며, 런던수학회LMS와 미국수학회의 이사회 자리에 올랐다.

이렇게 올가 타우스키는, 소피 제르맹이 자신의 정체성을 숨겨야 했던 상황은 말할 것도 없고, 코발렙스카야나 에미 뇌터가 겪은 끔찍한 장애물도 없이 자기 학문 분야에서 뛰어난 성과를 내고 거의 최고 수준에 도달했다. 하지만 어쨌든, 그녀도 대학의 타성과 변화에 저항하는 그 역사의 무게에 영향을 받았다. 그녀는 케임브리지의 여자 대학인 거튼 칼리지의 교수였다. 그런데 학장들은 마치 여성 교수가 학생들의 경력을 망치기라도 할 것처럼 여학생들에게 논문 지도 교수로, 뛰어난 타우스키 대신 남성 교수를 선택하도록 권유했다. 또한 그녀와 남편이 캘리포니아 공과대학에 왔을 때, 남편은 즉시 교수 계약을 맺었지만 그녀는 더 낮은 단계인 소속 연구원으로 들어갈 수밖에 없었다. 돌덩이들은 여전히 그녀의 길을 방해했다. 하지만 언제나 길은 존재하기에 올가 타우스키는 몇몇 드문 사람들처럼 자신만의 경로를 걸어갔다. 그리고 그 길에서 그녀는 항상 다른 여성들을 돕고 젊은 여성들이 더 쉽게 길을 여행하도록 힘썼다.

난생 처음 미국수학회 회의에 참석한 미국의 수학자 마저리 세네컬Marjorie Senechal은 남성들의 세계 속에서 외로움을 느꼈고, 고향에서 멀리 떠나온 느낌을 받았다. 수학자로서 절정기에 있던 올가 타우스키도 마침 그곳에 있었는데, 타우스키가 다가와 그녀에게 미소를 지으며 말했다. “여기에 다른 여성 분이 있다는 게 얼마나 좋은지 모릅니다! 수학의 세계에 오신 것을 환영합니다!” 그 만남은 마저리 세네컬의 경력에 큰 영향을 끼쳤다고 한다. 오늘날에는 역사상 가장 위대한 수학자의 이름을 딴 강의나 강연들이 있다. 1981년 올가 타우스키-토드는 미국수학회에서 열리는 제2회 ‘뇌터 강의[6]’를 맡았다. 그리고 2007년 세계산업응용수학자대회ICIAM는 ‘올가 타우스키-토드’라는 이름으로 일련의 강의를 개설했다.

6) 에미 뇌터의 이름을 딴 ‘뇌터 강의(Noether Lecture)’는 수학, 과학에 근본적이고 지속적인 공헌을 한 여성을 기리는 저명한 강의 시리즈이다.

메리 루시 카트라이트 Mary Lucy Cartwright는 세기가 바뀔 무렵 태어나서 거의 20세기 말까지 살았다. 그녀는 옥스퍼드 대학을 졸업했고, 이 분야의 왕 중 한 명인 위대한 하디Godfrey Harold Hardy의 지도하에 박사 학위를 받았다. 그녀는 하디 덕분에 떼려야 뗄 수 없는 학문의 동반자 리틀우드John Edensor Littlewood를 만난다. 당시 영국 최고의 수학자로 세 명이 꼽혔는데, 바로 하디, 리틀우드, 그리고 네 개의 손으로 쓴 논문에 함께 서명한 하디-리틀우드[7]였다. 하디와 리틀우드는 수학 역사상 가장 순수한 천재 중 한 명인 스리니바사 라마누잔Srinivasa Ramanujan을 발견하고 감탄하며 공동 연구를 한 것으로도 유명하다[8]. 메리가 이 둘과 함께 일하게 된 건 그 일이 있은 지 불과 몇 년 뒤였다. 그녀는 리틀우드와 함께 케임브리지 대학 교수로 활동했다. 50년 전의 케임브리지 대학은 수학 시험의 우승자 명단에 여성을 올리지 않았다. 하지만 역사는 언제나 움직이고, 그 움직임의 영향이 나타나려면 시간이 걸려서 밀어 줘야 할 때도 있지만, 급작스럽든 점진적이든 결국 그때는 온다.

메리 카트라이트도 올가 타우스키-토드처럼 수학계의 거의

7) 공동 연구를 많이 하고 함께 논문을 쓴 하디와 리틀우드를 말하며, 이 둘이 당시 영국 최고의 수학자였음을 강조한 표현이다.

8) 이 내용은 영화 〈무한대를 본 남자(The man who knew infinity)〉(2015)로도 만들어졌다.

모든 영역에서 주도적인 역할을 했다. 그녀는 깊이 있고 보람 있는 연구 생활을 했으며 왕립학회(Royal Society, 1660년에 설립된 영국의 가장 오래된 과학학회_옮긴이)의 첫 여성 회원이었고, 수학협회(Mathematical Association, 영국의 수학 교육 관련 협회_옮긴이)의 회장이 되었다. 마침내 1951년에는 여성 최초로 런던수학회의 의장을 맡았다. 불과 몇 년 전에는 상상도 할 수 없는 일이었다. 그녀는 매우 권위 있는 몇몇 수학상(실베스터 메달과 모르간 메달)도 받았다. 1969년에는 여왕이 그녀에게 '데임(Dame, 훈장을 받은 여성에게 붙는 직함_옮긴이)' 칭호를 내리고 영국 최고의 영예인 '대영제국 커맨더 훈장CBE'을 수여했다.

수학자들은 통상 학회에서 서로 만난다. 학회는 다소 오래되고 광범위한 집단으로, 수학 커뮤니티를 감독하고, 회의와 출판을 관리하며, 과학 및 교육 활동을 지원하고, 뉴스를 배포하는 일 등을 담당한다. 이런 일들은 매우 중요한데, 그 주축이 유럽수학회EMS와 같은 초국가적 협회가 될 수도 있지만, 일반적으로는 국가 단위로 움직인다. 에미 뇌터는 여러 학회의 회원이었고, 이미 보았듯이 메리 카트라이트는 런던수학회의 의장이었다. 20세기 동안 여성이 점차 수학자 사회에 통합되는 과정은 수학 공동체가 자연스러운 구성을 찾아가는 여정의 일부이다. 오늘날 여성 수학자들 없는 수학자 사회는 상상할 수도 없다. 왕립스페인수학회RSME 같은 몇몇 학회는 여성과 수학을 위한 특화된 활동을 전담하는 위원회를 운영하고 있다[9].

오늘날 가장 영향력 있는 수학회는 미국수학회AMS일 것이다. 역사를 통틀어 지난 30년 동안 세 명의 여성이 이곳의 의장을 맡았다. 첫 번째는 **줄리아 보먼 로빈슨**Julia Bowman Robinson인데, 그녀는 여성 개척자 시대의 끝이라 할 수 있는 20세기의 변화를 목격하고 그 변화에 직접 참여했다. 개인적으로 그녀는 부모님의 죽음으로 매우 복잡한 삶을 살았지만, 미국수학회 회장의 임무뿐만 아니라 수학자로서 일하는 방식에서도 항상 좋은 중재자 역할을 했다. 그녀는 힐베르트가 1900년 국제 수학자 대회International Congress of Mathematics, ICM에서 발표한 문제[10] 중 열 번째 문제에 집중했다. '힐베르트의 문제들'은 20세기의 수학 활동에서 매우 강렬한 흔적을 남겼는데, 그 목록에서 열 번째 문제는 해解가 모두 정수인 특수한 유형의 방

9) 우리나라는 수학 관련 학회로 대한수학회가 있으며, 이와 별도로 한국여성수리과학회가 있어 여성 수학자들의 저변 확대를 도모하고 있다.

10) 힐베르트는 〈수학 문제들〉이라는 제목의 강연에서 수학 자체의 구조를 가장 잘 조명해 줄 수 있는, 가장 근본적이라고 생각하는 23개의 문제를 수학자들에게 제시하며 해결을 요구했다. '힐베르트의 문제들'이라고 명명된 이 목록에는 리만 가설, 연속체 가설, 골드바흐의 추측 등이 포함되어 있으며 20세기 수학의 조감도를 제시한 것으로 평가된다.

정식인 디오판토스 방정식Diophantine equation[11]과 관련이 있다. 이 문제는 러시아 수학자인 유리 마티야세비치Yuri Matiyasevich가 해결했는데, 그는 냉전 시대 가장 힘든 시기에 줄리아 보먼 로빈슨과 집중적으로 공동 연구를 하였다.

그녀는 힐베르트의 열 번째 문제를 해결하는 데 기여한 공로로 미국 국립과학아카데미NAS에 들어가는 등 인정을 받았다. 그녀는 이 아카데미의 회원이 된 최초의 여성 수학자로, 이처럼 여성 개척자가 부족한 곳의 명단에 이름을 올렸다. 오늘날 줄리아 보먼 로빈슨이라는 이름은 수학을 공부하는 학생들을 위한 장학금(Julia Robinson scholarship)에서, 그리고 여러 국가에서 열리는 '줄리아 로빈슨 수학 축제Julia Robinson Mathematics Festival'에서 만날 수 있다. 이 축제는 문제 해결을 위한 경쟁보다 수학을 통해 유쾌함과 재미를 장려하는 몇 안 되는 국제 행사 중 하나이다. 또한 줄리아 로빈슨은 백혈병으로 사망하기 불과 3년 전인 1982년에 '뇌터 강의'의 세 번째 강연자로 지명되었다.

역사는 이런 비범한 사람들이 아니라, 시간 속에 기록된 수많은 사람들의 삶의 흔적들로 씌어진다. 20세기 동안 타우스

11) 미지수가 두 개 이상인 방정식으로서 정수를 계수로 하며 정수로만 된 해를 찾는 방정식.

키, 카트라이트, 뇌터와 같은 여성들이, 그리고 수천 명의 여성들이 점점 더 강렬하고 자연스러운 방식으로 수학계에 스며들었다. 이들 중 일부는 비범해서 눈에 띄었고, 그들의 업적은 집단의 기억 속에 메아리로 남았다. 하지만 큰 기관인 대학의 체계는 뛰어난 개개인들의 특별한 행동으로 움직이는 게 아니다. 오히려 숨겨진 부속의 작은 회전들, 기계 속 보이지 않는 기어와 축의 지속적인 변화가 기계를 새로운 방향들로 돌고 움직이게 한다. 특히나 수학계에서 여성의 역사는 포기했거나 도착하지 않은 사람들, 사직당한 사람들, 눈에 띄지 않은 사람들, "이미 말했잖아"라는 소리를 들은 사람들, "안 될 거야"라고 말했던 사람들과 정말로 할 수 없었던 수많은 사람의 역사이다. 그녀들로부터 더 나은 곳을 향해 나아가려는 움직임이 생겨난다.

올가 타우스키-토드

Olga Taussky-Todd

1906~1995

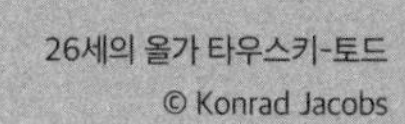

26세의 올가 타우스키-토드
© Konrad Jacobs

- 올가 타우스키는 20세기의 위대한 여성 수학자이다.
- 그녀는 연구 초기에 전적으로 정수론에 초점을 맞췄지만, 실은 행렬의 선구자로 알려져 있다.
- 행렬은 행과 열로 배열된 숫자의 집합이다.

$$A_{m\times n} = \begin{pmatrix} a_{11} & a_{12} & \cdots & a_{1n} \\ a_{21} & a_{22} & \cdots & a_{2n} \\ \vdots & \vdots & \ddots & \vdots \\ a_{m1} & a_{m2} & \cdots & a_{mn} \end{pmatrix}$$

행렬은 어엿한 수학적 대상으로, 다음과 같이 연산할 수 있다.

$$\begin{pmatrix} 1 & 3 \\ 5 & 1 \end{pmatrix} + \begin{pmatrix} 2 & 7 \\ -4 & 1 \end{pmatrix} = \begin{pmatrix} 3 & 10 \\ 1 & 2 \end{pmatrix}$$

수학과 물리학 그리고 거의 모든 분야의 양적 사회과학(quantitative social science)에서 행렬이 쓰인다.

그녀는 "내 전공 분야는 정수론이었다. 내가 행렬을 찾은 게 아니라, 행렬이 나를 찾았다"고 말했다. 그녀는 정수론이나 대수적 위상수학(algebraic topology)과 같은 다양한 분야에 여러 가지 중요한 공헌을 했는데, 연구의 공통된 주제는 항상 행렬이었다.

행렬이라는 이 멋진 대상에 대한 그녀의 생각이 궁금하다면, 다음의 글을 읽어 보길 바란다.
「나는 어떻게 행렬 이론의 선구자가 되었나(How I became a torchbearer for matrix theory)」, *The American Mathematical Monthly,* vol. 95 (1988), pp. 801-812.

그녀는 2차 세계대전 동안 자신의 지식을 항공기 날개의 안정성 연구에 적용했다. 이것은 특정 행렬의 고윳값과 고유 벡터를 연구한다는 의미이다.

그녀에 관한 일화가 있다. 사람들은 힐베르트에게 경의를 표하기 위해 그의 '완벽한' 작품들을 담은 책을 만들고자 했지만, 그 작품들에는 오류가 많았다. 그들은 이런 오류를 수정하기 위해 젊은 수학자를 고용했는데, 그 사람이 바로 올가 타우스키였다.

그녀는 정리의 진술들은 그대로 두고, 오류가 없는 딱 한 개만 빼고 모두 수정했다. 힐베르트는 그녀의 책을 받았고, 전혀 이상한 점을 발견하지 못했다고 한다. 이 이야기는 이탈리아 수학자인 잔카를로 로타(Gian-Carlo Rota)의 책, 『무분별한 생각(Indiscrete Thoughts)』에 나와 있다.

1981년 그녀는 '뇌터 강의'의 강연자로 선정되었고, 그 강연에서 피타고라스 삼각형의 다양한 측면을 이야기했다. 피타고라스 삼각형은 직각을 이루는 두 변과 빗변이 정수인 삼각형이다.
참고: 「피타고라스 삼각형의 여러 측면(The many aspects of the Pythagorean triangles)」, *Linear Algebra and its Applications*, vol. 43 (1982), pp. 285-295.

그녀는 다른 누구보다 행렬에 대해 더 많은 것을 알아냈고, 수학의 구석구석에 행렬을 쉽게 적용했다.

올가, 고마워요.

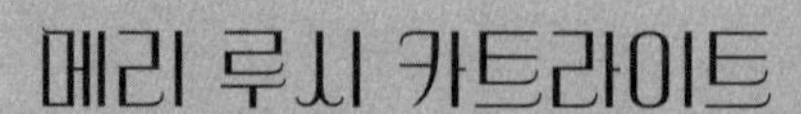

Mary Lucy Cartwright

1900~1998

© Anitha Maria S

대영제국의 이 여성 수학자는 복소함수(complex functions)와 동역학계(dynamical system) 분야의 중심 인물이다.

그녀는 하디와 같은 사람을 놀라게 할 정도로 엄청난 일을 해냈다. 그를 놀라게 하는 건 결코 쉽지 않은 일인데, 그를 놀라게 한 또 다른 사람은 바로 스리니바사 라마누잔이다.

그녀의 스승인 하디는 어느 날 디리클레 급수(Dirichlet series)에 대한 문제를 냈다. 디리클레 급수는 다음과 같은 형태(95쪽 수식)로 나타내진다.

이것은 복소수 무한급수이고, 분자가 1인 특별한 경우에는 '리만 제타 함수(Riemann zeta function)'가 된다.

$$F(s) = \sum_{n=1}^{\infty} \frac{f(n)}{n^s}$$

$$s \in \mathbb{C}$$

- 리만 제타 함수가 0이 되는 값을 찾는 것은 오늘날 수학의 중요한 문제 중 하나이다('리만 가설'로 알려져 있음). 그녀는 '아벨의 합 공식(Abel's summation formula)'을 적용하는데, 짧게 말하자면 이것은 부분 적분이다. 그녀는 복소해석학(complex analysis)을 적용해서 적분을 풀었고, 하디는 이것에 흥분하며 놀랐다.

- 결국 하디는 그녀의 석사 및 논문 지도 교수 중 한 명이 되는데, 훌륭한 성품을 가진 그로서는 마다할 수 없는 일이었다.

- 위대한 카트라이트는 복소함수와 동역학계(시간에 따라 변하는 계로, 다양한 요소의 변화를 반영하는 미분 방정식으로 표현된다)의 세계에서 진정한 거인이었다.

- 복소수에는 실수 부분과 허수 부분이 있다. 실수와 허수를 다른 성분(component)으로 생각하면 복소수를 2차원 공간에 있는 점으로 이해할 수 있다. 그 공간인 복소평면에서 할 수 있는 일은 매우 놀랍고 유용하다. 메리는 이런 주제를 다루는 데 훌륭한 교사였다.

- 그녀는 복소함수의 최댓값과 최솟값에 대한 몇 가지 정리를 증명했는데, 이것은 이후에 신호 처리에 사용되었고 지금도 여전히 쓰이고 있다.

- 1938년에 그녀는 리틀우드(하디의 좋은 친구이자 공동 연구자)와 함께 라디오 (및 레이더) 전송 및 수신 시스템을 개선하기 위해 고용되었다. 송신기든 수신기든, 라디오는 +/- 쌍(쌍극자)을 형성하는 전하를 진동시켜 전파를 생성하는 방식으로 작동한다. 그런데 수신기를 만드는 데 사용된 수학 모델이 좋지 않다고 밝혀졌고, 메리는 이 문제의 해결을 도왔다.

- 초기 모델은 쌍극자의 진동이 고조파[1]이고, 단순한 선형방정식(일차 방정식)에 의해 통제된다고 가정했다. 그녀는 리틀우드와 함께 그 모델이 실제로는 비선형이고 짝을 이루고 있어야 함을, 즉 쌍극자들이 서로에게 영향을 준다는 것을 증명했다.

- 따라서 그들은 모든 것을 모델링하기 위해 '반 데르 폴 방정식(Van der Pol equation)'을 적용했다. 이 방정식은 여러 면에서 흥미롭다. 방정식의 매개 변숫값에 따라 에너지를 강제로 방출하거나 발산시킬 수 있는 결합된 진동계(coupled oscillators)의 방정식이다.

- 오늘날 반 데르 폴 방정식은 특히 심장의 움직임이나 일부 신경 신호를 연구하는 데 사용된다. 메리는 이런 유형의 방정식에서 해의 존재를 증명하기 위해 복소수 및 위상수학 기술을 적용했다.

- 몇 년 후 그녀는 우리를 혼돈 이론(Chaos theory)[2]으로 이끈 단서를 찾았다. 우연히 초기 조건의 민감성을 발견했기 때문이다. 소위 '나비 효과'를 발견한 것이다. 이 경우, 방정식의 매개 변숫값에 따라서 방정식의 해들은 더 혹은 덜 오락가락하거나 (현대 용어로 표현하자면) 혼란스럽다.

- 그 수학의 대부분은 특정 규칙(등각사상conformal mapping, 等角寫像)에 따라 복소평면의 점들을 움직이는 것으로 이루어진다. 이런 유형의 변환을 통해 구(sphere)를 복소평면으로 가져올 수 있고, 무한한 아름다움을 얻을 수 있다.

- 복소평면에서, 여기에서 저기로 점을 이동하면서 그녀는 흥미로운 속성이 있는 특정한 변환 조합을 발견했다. 이리저리 마구잡이로 점들을 움직였을 때 원래 자리에서 움직이지 않는 점, 즉 고정된 점(부동점)이 있었다. 이것은 카트라이트-리틀우드 부동점 정리(Fixed-point theorem)로 알려져 있으며, 여러 부동점 이론 중 하나이다.

- 그녀는 또한 복소수 공간에 대한 지식을 바탕으로, 오늘날 우리가 프랙털(fractal)이라고 부르는 것을 직관적으로 알 수 있었다.

- 한번은 그녀에게 가장 맘에 드는 논문이 무엇인지 물어봤더니 "매 순간 작업하고 있는 논문입니다"라고 대답했다.

- 정말 고마워요, 메리.

---

1 기본 주파수에 대해 2배, 3배처럼 정수배에 해당하는 물리적 전기량.

2 특정 동역학계의 시간 변화가 초기 조건에 매우 민감하여 초기 조건에 따라 지수함수적으로 변하고, 시간에 따라 복잡한 궤도가 나타나는 현상으로 카오스 이론이라고도 한다.

줄리아 보먼 로빈슨

Julia Bowman Robinson

1919~1985

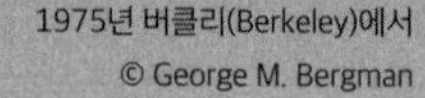

1975년 버클리(Berkeley)에서
© George M. Bergman

오늘날 우리는 줄리아 로빈슨을 다음과 같은 두 가지 이유로 기억한다. 첫째, 그녀는 미국 국립과학아카데미(NAS) 수학 분과에 선출된 최초의 여성이었다. 둘째, 그녀는 미국수학회(AMS) 최초의 여성 회장이었다.

이 수학자는 평생 류마티스 열(Rheumatic fever)에 시달리며 싸운 투사였다. 또한 다른 많은 여성들처럼 시스템과 싸워야 했고, 수학자이기도 한 남편의 성(姓)과 맞서 싸워야 했다.

그러나 그녀는 수학과 논리의 토대에 관한 최고 수준의 연구를 했기 때문에 수학계에서 분명한 선두 주자였다. 그녀의 전문 분야는 결정(decision)과 결정 가능성 문제로, 매우 어려운 수학 분야이다.

줄리아는 최고의 논리학자이자 수학자인 알프레트 타르스키(Alfred

Tarski)의 지도하에 공부했는데, 이 제자는 종종 스승을 능가했다.

유클리드 이래로 수학은 공리적 집합(axiomatic set) 내에서 특정 진술과 이론이 참인지 거짓인지를 증명하는 데 바탕을 두었다. 그런데 괴델[1]은 참 또는 거짓임을 증명할 수 없는 주장을 만들어 낼 수 있는 공리계가 있음을 증명했다. 이것은 참 거짓을 결정할 수 없는 형식적 또는 논리적인 계가 있다는 사실로 압축된다.

괴델은 자연수가 일반 산술에서 결정 불가능한 계를 구성함을 증명했다. 타르스키는 실수가 결정 가능하다는 것을 보였다. 그러나 풀리지 않은 문제가 남아 있었다. 일반 산술에서 유리수는 결정 가능한 계인가?

줄리아는 이 문제를 해결해서 박사 학위를 받았는데, 유리수 계는 결정 불가능함을 밝혔다. 그녀는 게임 이론(Game theory)에 관해서도 연구했지만, 가장 중요한 공헌은 이러한 문제와 관련이 있다.

힐베르트는 수학자들이 20세기 동안 연구해야 할, 수학의 기초라고 생각하는 23개의 문제(실제로는 24개[2])를 발표했다. 그중 두 번째 문제는 산술에서 공리계의 일관성에 관한 문제였는데, 줄리아가 가장 일반적인 수 체계 중 해결되지 않았던 마지막 큰 문제를 해결한 것이다.
고마워요, 줄리아.

---

1 쿠르트 괴델(Kurt Gödel, 1906~1978). 불완전성의 정리로 유명한 수학자이자 논리학자.

2 처음에 24문제를 생각했지만, 한 문제를 공개하지 않았다. 이후 독일의 수학 역사학자인 뤼디거 틸레가 힐베르트가 문제들을 공개한 지 100주년인 2000년에 재발견했다.

6

대칭과 보존
Symmetry and conservation

이제 성숙의 시간이다. 에미 뇌터는 학자로서 명성을 얻었고, 동료들 사이에서도 이전과는 다른 인물이 되었다. 이제 그녀의 존재방식이 바뀌었는데, 무엇보다 다른 사람들이 그녀를 대하는 태도가 달라졌다. 단순히 여성으로서 남성 중심 세계에서 인정받은 사실을 말하는 게 아니다. 그녀가 그들에게 침입자로 여겨지지 않은 지는 이미 오래되었고, 놀라움과 의심의 세월을 충분히 지나왔기 때문에 그러한 사실은 더 이상 흥밋거리가 아니었다. 그보다는 그녀의 사고 수준과 그녀라는 그릇의 크기, 즉 변함없는 미소를 지닌 이 평온한 여성의 대범함이 분명하게 드러나기 시작한 데서 온 변화였다. 이전부터 그 모든 것을 지켜봤던 아인슈타인은 힐베르트에게 보내는 편지에서 이렇게 말한다.

"이 문제를 이처럼 보편적인 관점으로 이해할 수 있는 사람이 있다는 사실이 놀랍습니다. '괴팅겐의 구세대Oldguard[1]'가 뇌터 양에게 한두 가지를 배운다고 해서 전혀 해가 되진 않을 것입니다."

1915년 말에 힐베르트와 아인슈타인이 상대성 이론에 수학적 근거를 제시했을 때, 에미는 물리학의 수학적 공식화를 향한 결정적인 발걸음을 내디뎠다. 우리가 기억하는 것처럼, 수학적 열정으로 가득한 젊은 수학자였던 그녀는 고르단의 안정된 불변식 속에서, 직공의 정확성과 인내심으로 문자와 문자, 계수와 계수, 숫자와 숫자가 새겨진 명시적 공식들의 끝없는 사슬을 통과했다. 같은 시기에 힐베르트는 보다 형식적인 비전을 지닌, 더 추상적이고 더 직관적이며 더 강력한, 이전보다 덜 기능적이면서 보다 높은 수준의 수학적 도구를 개발하고 있었다. 에미는 자신이 그 두 세계의 정중앙에 서 있다는 사실을 알아차렸다. 그녀는 에른스트 피셔와 함께 산책하고 연락을 주고받을 때 이미 힐베르트의 작업을 알고 있었다. 또한, 고르단의 연구에 관해서도 그 누구보다 잘 알았다. 그래서 그녀는 자신에게 누구보다도 더 높이 날 수 있는 날개가

---

1) 괴팅겐 대학의 나이 든 교수들을 뜻한다. '늙은 문지기'로 표현한 글도 있으나, 이는 오역이다. 하지만 물리학자 프리먼 다이슨에 따르면 널리 알려진 'Oldguard' 자체가 오역으로, 원래 아인슈타인이 쓴 'Feldgrauen(Fieldsgrey)'라는 독일어 단어는 (회색 군복을 입은) 병사를 뜻하는 은어라고 한다. 아인슈타인은 전쟁터에서 돌아온 병사들이 여성이며 평화주의자인 에미 뇌터에게 배워도 좋다는 의미로 썼다는 것이다(109쪽 본문 " " 부분 참조).

있다는 사실이 알려질 기회가 오기를 바랐다. 그런가 하면 그녀에게는 남다른 재능이 있는데, 그녀의 이 새로운 특징은 다음 세대로 전해질 것이다. 보통 종種은 그들이 사는 세계의 변화 조건에 가장 잘 적응하는 개체의 능력을 습득한다. 그렇게, 생태계에 서식했던 종種 중에서 새로운 삶의 모습과 진화된 형태가 출현한다. 일부 개인의 극적인 변화는 몇 세대 후에 그 집단과 그들의 본성을 정의하는 특징이 되기도 한다. 20세기 수학은 변화하고 있다. 수학을 하는 새로운 방법과 선봉대가 이미 발을 내디딘 새로운 생태계가 생겼다. 따라서 새로운 세계로 들어가는 이 수학적 종種에게 새로운 능력이 요구될 것이다. 그리고 에미는 거기에 필요한 능력을 갖추고 있다. 사실은 모두가 그것을 갖고 있지만, 그녀 안에는 현대 수학에 이상적이라고 판명된 비대한 근육과 돌연변이와 특징적인 형질이 있다.

수학은 추상적이면서 구체적이다. 여기에 수학의 아름다움과 힘 그리고 어려움이 있다. 처음 수학을 탐구하면 모든 것이 숫자이고 수량과 구체적인 측정 간의 관계임을 알게 되지만, 이후에는 모든 것이 문자이고 숫자 간의 관계라는 것이 밝혀지고, 나중에는 모든 것이 도표와 화살표, 개념 간의 관계, 관계 간의 연관성임을 발견하게 된다. 수학은 늘 그렇게 있었지만, 늘 똑같은 방식은 아니었다. 에미는 그 당시로서는 드물게, 개념과 연관성의 측면에서 생각할 줄 알았다. 이미 그녀는 공식들과 그것들의 일반화에서 벗어났기 때문이다. 지금 그녀는 따로 날개가 필요 없는 세상에서 놀라운 성공가도를 걷고 있다. 이전에 그녀는 자기 발을 보고, 걸음 수를 세며, 머릿속에 나침반을 갖고 정확히 춤을 췄었지만, 이제는 음악에 몸을 맡기고 그것과 조화를 이룬다. 그렇게 리듬과 멜로디와 호흡이 하나로 어우러진다. 그녀는 상대성 이론의 공식화를 중심으로 일어난 물리학과 수학의 만남을 보면서, 본능적으로 자연스러운 방법을 찾겠다는 의지를 갖는다. 그녀는 자신이 기대했던 곳, 역사가 그녀를 위해 준비한 집에 왔다고 느낀다. 그리고 그 결과는 과학의 역사를 나타내는 이정표가 될 것이다.

1918년, 에미 뇌터는 '뇌터의 정리Noether's Theorem'가 될 내용을 발표하고 증명했다[2]. 이것은 물리학을 수학적 언어로 이해한다는 것이 어떤 의미인지, 그 정수를 보여 준다. 우리는 예상도 못했던 정상 탈환을 바라보고 있다. 세상을 과학적으로 이해한다고 할 때 보편적인 자연 현상–그것이 중력든 전자기력이든–을 기술하는 수학 공식을 적용하면, 사람들은 자연을 관찰하는 렌즈와 자연 법칙이 예리해졌다고 느낀다. 이것들은 의심의 여지 없이 위대한 과학적 성취이다. 아인슈타인이 상대성 이론을 공식으로 나타내고

2) 「불변량의 문제(Invariante Variations Probleme)」라는 제목의 논문으로 발표했다.

입증했을 때, 그 걸음은 전례가 없을 만큼 거대한 거인의 발자국이었다. 유일한 전례라면, 거의 무에서 유를 만든 뉴턴의 발자취뿐일 것이다. 아인슈타인은 우리가 무엇을 관찰할 것인지는 물론이고 그것을 어떻게 관찰할 것인지도 예측할 수 있었다. 이것은 하나의 현상을 지배하는 법칙이 아니라, 우리가 관찰할 수 있는, 그리고 심지어 아직 관찰할 수 없는 실제reality를 형성하기 위해 서로를 조정하는 일련의 현상들을 함께 지배하는 법칙이다. 에미 뇌터는 그런 법칙들 자체를 지배하는 법칙을 규명해 낼 수 있었다. 또한 그녀는 그 법칙들의 법칙을 정확하고 엄격하며 분명한 수학 공식으로 만들 수 있었다. 그녀처럼 그렇게 높은 곳에서 모든 상황을 내려다볼 수 있는 사람은 없었다. 누군가가 그런 관점에 도달했다는 사실이 불가능해 보일 정도다. 이것은 진화의 느린 속도를 거부하는 도약이다. 그것은 그때까지 알려지지 않았던 새로운 시각이다. '뇌터의 정리'는 물리학에 대한 수학적 비전의 정점으로, 1918년부터 두 논문을 통해 발표되었다. 1918년은 독일이 1차 세계대전의 휴전 협정에 서명하고 승자들의 발 앞에 무릎을 꿇은 해이기도 하다. 우리는 이 이론의 놀랍고 상세한 수학적 구조를 통해 물리 법칙들의 법칙이 무엇으로 이루어지는지를 감히 엿볼 수 있다. 그 정리의 핵심 단어는 바로 '대칭'과 '보존'이다.

우리가 기억하는 것처럼 에미는 초기에 불변식론을 집중적으로 연구했다. 불변식이라는 낱말은 말 그대로, 변하지 않는 것, 어떤 변형이 가해져도 변화 없이 보존되는 속성을 뜻한다. 이것은 바로 대칭의 본질이다. 수학자들에게 대칭이란 개체가 변화를 받아도 속성 중 일부를 유지하는 특징이다. 예를 들어, 정사각형을 보자. 판이나 종이의 네 각은 같다. 만일 눈을 감고 정사각형 종이를 정확히 90도 회전해 보면, 아무도 그 종이 위에서 변화를 발견하지 못할 것이다. 따라서 정사각형은 90도 회전에서 불변이고, 그것은 대칭의 일부다. 하지만 종이를 60도 또는 43도 각도로 돌리면, 변화를 확인할 수 있다. 사각형은 완전한 대칭이 아니고, 원래 상태와는 달라진 변경 사항이 있기 때문이다. 이제 정사각형 대신 원을 생각해 보자. 이 경우에는 90도를 회전하든, 60도나 43도를 회전하든 별로 중요하지 않다. 눈을 감고 아무리 돌려도 눈을 떴을 때 아무런 변화가 없고, 움직이지 않은 것처럼 보이기 때문이다. 원은 사각형보다 더 많은 회전과 변화를 받아들일 수 있다. 원은 더 대칭적이다. 심지어 구球는 공간에서 어떤 방향으로도 회전할 수 있다. 변화의 시대를 사는 주인공이자 세공사인 에미는 불변량을 발견하는 데 익숙하다. 여기서 정사각형은 방정식으로 대체될 수 있고, 회전은 새로운 연산들—방정식이나 다른 더 복잡한 수학적 객체들로 이루어지는—로 생각할 수 있다. 대칭을 수학적으로 정교하게 기술하는 것이 바로 에미의 연구 분야다.

물리학에도 불변량에 관한 이론이 있다. 모든 물리적 현상에는 보존되는 것이 있다. 즉, 모든 게 변하는 건 아니다. 물리학을 공부하는 학생의 공책에 쓰여 있는 소문자 'h'는 높이를 뜻하는데, 그 높이에 있던 공이 자신의 위치를 잃고 속도를 얻으면 위치 에너지가 운동 에너지로 전환된다. 이 학생이 공책에 적힌 물리 문제를 풀기 위해서는 에너지 총합이 항상 일정하게 보존된다는 사실을 명심해야 한다. 이런 식으로 방정식에 등호를 넣고 수학을 신중하게 풀면, 작지만 학업 성취에 대한 만족감을 얻을 수 있다. 보존 법칙은 물리학의 불변량으로, 등호 기호와 같다. 즉, 에너지 보존 법칙은 상태가 변해도 에너지가 똑같이 유지되는 것이다. 일정 높이에서 떨어지는 공은 대칭과 아무런 관련이 없어 보이기 때문에, 이 현상의 대칭성에 대해서는 거의 관심이 없을 것이다. 이것이 보존이라는 건 모두가 인정하는데, 대칭은 어떨까? 에미는 그것이 대칭이라는 걸 분명히 보였다. 이것은 단순하지만 혁신적인 발견이다. 즉, 대칭과 보존은 같은 것이다. 대칭이 있는 곳에 보존이 있다. 두 형태의 불변이 만나 정확한 방정식들을 만들어 낸다. 이러한 내용을 이해하려면 그런 방정식들에 익숙해야 한다. 하지만, 지금 우리는 엄청난 능력을 지닌 한 여성과 마주하고 있다. 그녀는 수학자로 태어나 수학자가 되었고, 자연성을 추상적인 언어로 생각했으며, 보상을 받을 만한 성취를 위해 노력했다. 따라서 우리가 여기에서 그 방정식들을 이해하긴 어렵다.

1918년 에미 뇌터는 전무후무하게 모든 물리 법칙이 충족하는 법칙을 발표했다. 그것은 물리계와 그 거동을 고려해서 물리 법칙의 수학적 표현을 찾아야 한다는 것이다. 우리는 물리 법칙의 수학적 표현에서 대칭을, 곧 불변성을 기술할 수 있고, 이를 통해 물리계의 불변량, 즉 계의 보존을 설명할 수 있다. 대칭과 보존 사이의 이런 왕복 여행은 일정 높이(h)에서 떨어지는 공뿐만 아니라, 아인슈타인의 상대성 이론에도 적용된다. 그것이 바로 뇌터 정리의 위대함이다. 그것이 바로 전체를 보는 예리하면서도 단순한 그녀의 시선이다. 아인슈타인은 이렇게 총체적인 관점에서 문제를 이해할 수 있는 사람이 있다는 사실에 놀랄 수밖에 없었다. 에미는 물리학과 수학이 공존하는 곳에 빛을 비추었다. 그렇게 그녀는 그것들의 관계를 밝히는 데 큰 역할을 했다.

이 여성은 변하지 않는 것을 발견하고 공식화해서 변화의 주인공이 되었다. 이러한 변화를 이겨 낼 대칭이란 없다. 그녀의 지적 능력과 결단력, 인내를 제한할 수 있는 보존도 없다. 에미 뇌터는 수학 역사에서 가장 심오한 결과 중 하나를 발표하고 증명했다. 하지만 대학에는 그녀가 일할 자리가 없다. 대학은 보조 교수로 일하는 것도 허락하지 않으며, 학생들을 가르칠 기회조차 주지 않는다. 대학이 말하는 다음의 주장은 거의 유린에 가깝다.

"우리는 남자 병사들이 전쟁터에서 돌아왔을 때, 한 여성의 발밑에서 배우도록 놔둘 수가 없다."

그들이 여성의 지도 아래 공부함으로써 모욕감을 느끼게 해서는 안 된다는 것이다. 비록 그녀가 이 건물 안에서 가장 똑똑한 사람이라 해도, 에미 뇌터가 앞으로도 계속해서 쓰이게 될 방법으로 수학을 하는 방식을 만들어 가고 있다고 해도 말이다.

독일이 유럽의 발밑에 굴복하는 동안, 물리학의 법칙들은 이 독일인 여성의 발밑에 항복한다. 하지만 대학은 그렇지 않다. 그 '무거운 기관'은 그녀를 둘러싼 증거에 고개 숙이지 않는다. 불공평하고 답답한 노릇이다. 그런데 아무도 그녀의 눈물을 보지 않고, 그녀도 이의를 제기하지 않는다. 그녀는 눈물이 나도 혼자 울고 빨리 감춘다. 그녀는 연구를 하러 돌아가야 하고, 수학은 기다려 주지 않는다. 음악은 멈추지 않으며, 그녀가 여왕이 되어 추는 이 춤에서도 여전히 밟아야 할 스텝이 많다. 아무도 어떻게 해 줄 수 없는, 넘기 힘든 장애물을 만난 게 이번이 처음은 아니다.

하지만 힐베르트는 그녀에게 일어나는 일들을 참을 수 없었고, 그녀의 존재가 거부당하는 이유를 인정하지 않는다. 펠릭스 클라인도 마찬가지다. 둘은 교수 회의에서 폭발한다. 모두가 아는 것처럼 힐베르트는 모국과 전쟁 그리고 확립된 질서에 대해서 늘 자신만의 소신이 있는 사람이었다. 그에게 대놓고 배신자라는 말을 사용하는 건 너무 센 표현일 수도 있겠지만, 속으로 많은 사람이 그를 그렇게 생각했다. 2차 세계대전 당시 문화계와 과학계가 독일의 전쟁 정책에 동조하겠다는 전쟁 지지 선언에 그가 서명하지 않았기 때문이다. 그와 아인슈타인의 서명 거부는 가장 눈에 띄는 거부였고, 그것은 그들의 삶에 큰 영향을 주었다. 그렇다면, 펠릭스 클라인에게는 무엇을 기대할 수 있을까? 그는 몇몇 러시아 여성과 미국 여성 그리고 영국 여성에게도 박사 학위를 수여했다. 이렇게 이 두 사람은 여러 방면으로 기존의 질서를 깨뜨리고자 노력한다. 아닌 건 아닌 거다. 하지만 괴팅겐 대학의 교수 회의에서는 여성이 가르치는 것을 허락하지 않을 것이다. 힐베르트는 결론적으로는 별 소용이 없는 말이 되었지만, 그래도 분명한 말을 역사에 남긴다.

"저는 후보자의 성별이 교수 채용에 문제가 된다고 생각하지 않습니다. 아무튼, 대학은 공중목욕탕이 아닙니다."

우리는 종종 과거에 내린 결정들을 민망하고 당황스럽게 바라보게 된다. 후회해 봤자 소용없는 일이지만, 그것을 통해 지금이 더 낫다거나 적어도 어떤 면에서는 많이 달라졌다는 사실을 깨닫게 된다. 역사상 가장 위대한 수학적 두뇌를 가진 사람 중 한 명이 교실 한구석에만 있도록 강요받는 이 결정을 그대로 받아들이기는 어렵다. 다비트 힐베르트 교수는 수리물리학 세미나 강의를 맡았는데, 작은 글씨로 에미 뇌터 박사가 조교라고 알린다[3]. 사실은 그녀가 수업을 한다. 단, 허가 없이 하는 무보수 수업이다. 하지만 전 세계에서 온 수십 명의 수학자가 그녀의 발아래 모여든다.

---

3) 안내문 내용은 다음과 같았다. "수리물리학 세미나: 교수 힐베르트, 조교 E. 뇌터 박사, 매주 월요일 4시~6시. 무료 강연."

에미 뇌터

Emmy Noether

1882~1935

1900년 무렵의 에미 뇌터
출처: Mathematical Association of America

에미 뇌터는 20세기 수학에서 가장 중요한 인물 중 한 명이다.

그녀는 그 사실에 만족하지 않고 물리학자들이 물리학을 진정으로 이해하도록 도움을 주었다. 어떤 의미에서 그녀는 현재 이론물리학의 어머니이다.

에미 뇌터는 불변식 이론, 대수학 및 미분 분야에 매우 중요한 공헌을 했다. 예를 들어, 길이를 불변으로 두면 공간에서 물체를 이동할 수 있다(수학 공식을 사용하여). 1907년부터 1919년까지 그녀는 수학적 불변량을 식별하고, 불변량들 사이의 관계를 파악하는 연구를 성공적으로 수행했다.

그녀는 이 주제로 박사 논문을 썼는데, 논문에 방정식이 어찌나 많이

나오는지 오죽하면 그녀는 자신의 논문을 "젠장맞을" 논문이라고 불렀다. 대단하다!!

1915년 그녀는 괴팅겐으로 자리를 옮겨서, 수학계 천사인 힐베르트와 클라인 그리고 가끔은 알베르트 아인슈타인과 함께 일했다.

다비트 힐베르트

펠릭스 클라인

아인슈타인과 힐베르트는 오늘날 우리가 일반 상대성 이론[1]이라고 부르는 중력 이론을 추구하고 있었다. 일반 상대성 이론은 위대한 리만이 확장한 기하학[2]을 바탕으로 한 기하학적인 이론이다.

요점은 아인슈타인과 힐베르트가 일반 상대성 이론에서 에너지 보존이라는 주제에 대해 고민하고 있었다는 사실이다. 그래서 그들은 에미를 불렀다.

에미는 두 가지 아름다운 정리로, 일반 상대성 이론에서 국소적 에너지 보존 문제를 해결했다.

- 에미 뇌터는 물리 법칙의 불변성/대칭성(그녀는 이 분야 전문가였다)과 관련된 보존량을 확인했다. 그녀 덕분에 에너지와 운동량[3], 각운동량[4] 등이 보존되는 이유를 마침내 이해하게 되었다.

- 오늘과 내일의 물리학이 같고 지금과 나중의 물리학이 같으면, 에너지라고 부르는 보존되는 양이 있다.

- 약간 덜 알려진 두 번째 정리에서 그녀는 물리적으로 가능한 상호작용을 식별한다. 우리는 그녀 덕분에 물질 세계의 기본적인 상호작용을 이해하게 되었다.

- 이 두 번째 정리는 많이 알려지지 않은 보석으로, 물리학의 양-밀스 이론(Yang-Mills theory)[5]에서 '재발견'되기까지 거의 50년이 걸렸다.

- 이 밖에도 그녀는 여러 수학 분야에서 중요한 결과들을 끌어냈다. 예를 들어, 역갈루아 문제(inverse Galois problem)[6]에도 공헌했다. 일반해를 구하는 문제는 아직 남아 있지만, 에미는 몇몇 특별한 경우를 증명했다.

- 아이디얼(Ideal)[7]과 오름/내림 사슬 조건에 관련된 그녀의 연구는 추상 대수학의 걸작이다. 또한 특정 아이디얼 이론에 대한 그녀의 기여는 오늘날 대량의 계산 데이터, 즉 빅 데이터를 처리하는 데 사용된다.

- 이 여성은 수학을 사랑했고, 이론물리학의 기초를 세웠으며, 우리 모두의 인정을 받을 자격이 있다.

- 그녀는 위대한 아인슈타인이 감탄해 마지않던 몇 안 되는 사람이었다.

널리 알려지지 않은 게 유감일 뿐이다.

고마워요, 에미.

1 모든 가속계에서도 같은 물리 법칙이 성립한다는 확장된 상대성 원리와 중력질량과 관성질량이 동등하다는 등가의 원리를 바탕으로 하는 이론.

2 평면이 아닌, 곡률을 갖는 면에서의 기하학. 일반 상대성 이론에서는 물질의 분포상태가 우주 시공간의 곡률을 결정한다는 생각이 기본이기 때문에 리만의 기하학이 기본이 되었다.

3 물체의 질량과 속도의 곱인 벡터량. 보존되는 물리량 중 하나로, 역학적 에너지 보존 법칙과 운동량 보존 법칙은 자연 현상을 설명하는 데 매우 중요하다.

4 물체의 위치와 운동량의 벡터곱. 회전 운동에서 운동량에 대응되는 개념이다.

5 중국인 물리학자 '양전닝(Yáng Zhènníng)'과 미국 물리학자 '로버트 밀스(Robert L. Mills)'가 만든 양자장론 모델로 강력과 약력을 설명하는 데 이용된다.

6 이차방정식, 삼차방정식과 같은 다항방정식이 주어지면 그 방정식의 해를 포함하는 체를 만들 수 있고, 이 체에 대응하는 군을 찾을 수 있다. 이 군을 갈루아 군(Galois group)이라 한다. 역갈루아 문제는 임의의 군이 주어졌을 때, 이 군을 갈루아 군으로 가지는 체를 찾는 문제이다.

7 환론(ring theory)에서 특정한 조건을 만족시키는 환의 부분집합. 예를 들어 정수환에서 정수 2의 배수 '…, -6, -4, -2, 0, 2, 4, 6, …'로 이루어진 집합은 (2)의 형태로 표시되는 아이디얼이 된다.

7

추상
Abstraction

즐거운 음악을 틀어 보자. 독일의 대중적인 멜로디를 기반으로 한 전통 음악이면 좋겠다. 지금은 태양이 빛나고, 약속들이 지켜지는 시기인 봄이다. 둥글고 큰 얼굴에 환한 미소, 자석처럼 강하게 끌어당기는 웃음, 넉넉한 풍채, 무한한 영혼을 지닌 에미 뇌터를 상상해 보자. 그녀는 정원 탁자에 앉아 교사와 학생들에 둘러싸여 있고, 그 주위에는 대화와 빛, 웃음과 공기가 맴돈다. 그녀는 자신의 시간과 공간을 가득 채우는 충만한 여성이다.

물론 기존 질서는 여전히 변하지 않으려 한다. 에미는 1917년부터 줄곧 비공식적으로 비밀리에 학생들을 가르쳐 왔다. 그러다 1919년, 마침내 괴팅겐 대학은 엄격한 절차, 다시 말해 교수 자격 시험과 모든 서명을 비롯한 제도적 절차를 거쳐 그녀를 사강사Privatdozent[1]로 인정한다. 그렇게 그녀는 괴팅겐 대학에서 수업할 자격을 얻은 첫 번째 여성이 되었다. 하지만 그리 좋아할 일만은 아니다. 수업은 허락받았지만, 여전히 무보수이기 때문이다. 단, 학생들이 수업의 대가로 수당을 줄 수는 있었다. 서른일곱 살의 가장 뛰어난 여성 수학자는 학생들로부터 수당을 받는다. 이것이 그녀가 얻은 첫 공식적인 자리이다. 그녀는 마흔한 살이 되어서야 비로소 정식 월급을 받게 되는데, 그때, 그러니까 1923년에 괴팅겐의 수학 연구소 책임자인 리하르트 쿠란트Richard Courant가 마침내 그녀에게 급여를 배정할 것이었다. 그것은 그녀가 독일에 살면서 받는 유일한 급여가 될 것이다. 하지만 부족하고 어이없는 금액에, 그마저도 매년 갱신해야 한다. 이 모든 대우는 단지 여성이라는 이유 때문이다.

뭔가 반대칭反對稱 운동 같은 에미 뇌터의 수학적 경력은 그녀의 시대를 뛰어넘어 그녀 자신만의 스타일로 날아오른다. 늘 그렇듯이 그녀는 약간 다르다. 수더분한 모습의 그녀는 셔츠 소매를 말아 올린 학생들과 산책하곤 한다. 그녀는 다양한 나라에서 온 이 학생들을 환대하고 가르치고 돌보면서 당시 교수와 스승 사이에

1) 당시 독일에서는 박사 학위가 있어도 독창적인 논문을 써서 교수진의 인정을 받아야(이것이 교수 자격시험이다) 교수 자격증을 받고 사강사(私講師)가 되었다. 사강사는 정식으로 강의는 할 수 있으나 강사료는 없었고, 대신 자신의 강의를 듣는 학생들이 내는 수강료를 받았다.

있던 거리감을 줄여 나간다. 그녀는 모든 면에서 다른 사람들과 다르고, 사람들은 그녀가 모든 면에서 탁월하다고 생각한다. 그녀는 토론할 때 늘 개방적이며, 집에서나 대학에서나, 교실에서나 정원에서나 학생들과 교사들을 격의 없이 반긴다. 그녀는 관대한데, 이러한 성품은 본질적으로 그녀의 본성인 선함을 반영하는 것이다. 하지만 그녀의 수업은 어렵다. 왜냐하면 기본 원리들로부터 시작해서 문제를 보다 쉽게 이해할 수 있도록 논리적 쟁점을 제시하면서 학생들을 안내하는, 그런 설명적인 방식을 취하지 않기 때문이다. 에미는 처음부터 간추려 설명하지 않고, 정리된 내용은 나중에 보여 준다. 그녀의 강의는 아주 혼란스러운데, 주제에 대해 알려진 것과 아직 알려지지 않은 것을 함께 추론해 나가기 때문이다. 치열하게 토론하며, 학생들의 재능을 격려하긴 하지만, 무엇보다도 창의력을 강조하는 수업이기에 더욱 어렵다. 일부 학생들은 견디지 못하고 중간에 그만두기도 하지만, 그녀는 그 누구도 기다려 주지 않는다. 그러나 그녀의 수업을 따라갈 능력과 용기가 있는 학생들은 절대로 그 시간을 포기하지 않을 것이다. 그리고 그녀는 기대 이상으로 그들을 정성껏 돌볼 것이다. 이러한 그녀의 성격과 특별한 수업 방식 때문에 그녀 주변에는 '에미의 아이들'이라고 불리는 아주 견고한 집단이 생긴다. 그리고 그들은 자신도 모르는 사이에 깜깜한 어둠 속에서도 빛을 발하는 그녀의 역사를 생생하게 목격한다. 그 빛은 너무 빨리 사그라질 운명지만, 수학사에는 영원히 남을 것이다. 에미의 아이들은 그녀에게 어머니[2]라고 부르곤 하는데, 아마도 이것은 이 특별한 여성의 존재와 행동을 잘 드러내는 표현일 것이다.

에미가 어머니라면, 그 의미는 어쩌면 양육자보다는 근원적 존재에 가깝다. 직업적으로 불안정한 상태로 일하고 산책을 하며 보내는 이 수년 동안에, 에미는 물리 법칙의 본질을 밝힐 뿐만 아니라, 기존 수학의 뒤를 이을 수학을 발명하고 있다. 그녀의 추상적 시선은 수학에서 추상적 사고가 탄생한 대수algebra로 향하는데, 그녀는 그것을 연구하고 변형시킬 것이다. 만일 우리가 오늘날 대수학자들에게 그녀에 관해서 물어본다면, 그녀는 인공적인 불빛이 아니라 햇빛 같은 자연적인 빛을 내는 사람이라고 대답할 것이다. 즉, 그녀에게는 무언가를 탄생하게 만드는 힘이 있다. 에미 뇌터는 지금 현대 대수학을 만들고 있다. 1919년부터 1920년 사이, 음악에 맞춰 춤만 추던 소녀는 자신만의 음악을 만들기 시작한다. 이것은 예전 전통을 바탕으로 본질적 요소를 재해석해서 새롭게 만드는 음악이다. 1차 세계대전 직후 세상이 아직 죽음과 실망의 옷을 입고 쓰러져 있을 때, 독일계 유대인인 그녀는 세상에 알려

---

2) 독일에서는 지도 교수를 Doktorvater(박사 아버지)라고 부르고, 지도 교수가 여성이면 Doktormutter(박사 어머니)라고 부른다.

지지 않은 수학을 창조하고 있다. 그녀는 천 년에 걸쳐 이루어진 학문 분야에 독특한 충격을 안겨 줄 것이다. 물론 그녀는 혼자가 아니고, 혼자 모든 걸 발명한 건 아니다. 하지만 대부분은 그녀의 몫이다.

추상적 사고를 통해 모든 물리 법칙의 공통점을 발견한 그녀는 수학의 기초로 시선을 돌린다. 그녀는 계산한다는 것의 진정한 의미가 무엇인지, 나누기와 곱하기의 의미는 무엇인지를 발견하고 있다. 살짝만 살펴보자면, 정수에 대한 기본 연산, 예를 들어 덧셈과 곱셈은 정수 전체를 전반적으로 살펴볼 수 있는 구조를 제공한다. 따라서 단순한 계산 결과를 넘어서는 성질과 정리들을 설명할 수 있다. 그중 가장 뛰어난 것은 '산술의 기본정리fundamental theorem of arithmetic'이다. 이것은 모든 정수는 소수의 곱으로 나타낼 수 있으며 어떤 정수를 소수의 곱으로 나타내는 방법은 유일하다는 정리이다. 이런 속성들은 수십 명의 수학자가 연구하는 분야이기도 하다. 소수의 중요성, 다양한 수열, 다양한 추측이 그런 연구에서 비롯되었다. 유클리드 정리Euclid's theorem의 아름다움, 페르마 정리Fermat's theorem의 풍요로움, 가우스가 고안한 새로운 종류의 수들, 쿠머 이론Kummer theory, 하디와 라마누잔의 엄청난 작업들까지…, 이 모든 세계가 정수의 구조 속에서 태어났다. 이는 인류가 여러 세기 동안 계속 탐구할 영역이자, 수학 역사상 가장 아름다운 순간들을 선사했다. 에미 뇌터는 다른 사람들과 달리, 그 세계의 많은 가능성을 보았다. 그리고 그 구조에 시선을 고정했다. 그녀는 숫자들 없이 구조만을 보거나, 오히려 수를 더 일반적인 집합이나 다른 구조들에 맞춰 보기도 했다. 그녀는 대수학에서 숫자라는 육체를 걷어 내고, 그 아래 있는 영혼을 보는 (그리고 엄격하게 표현하는) 방법을 알고 있었다. 그렇게 그녀는 새로운 게임과 게임 방법을 제안했다.

1921년 에미는 수학계의 흐름을 바꿀 논문을 발표한다. 이것은 그녀가 거의 평생을 작업한 내용이다. 어떤 성과가 만들어지기 시작한 건 과연 언제부터라고 할 수 있을까? 생각의 흐름과 정신적 이미지들, 독창적인 아이디어를 갖게 해 준 문헌과 근원을 밝히는 건 거의 불가능에 가깝다. 한 음악가의 모든 작품에는 요람에서 들었던 자장가도 들어 있다. 한 수학자가 새로운 정리를 만들 때 그것의 근원은 분명 가장 기본적인 원리까지 거슬러 올라갈 것이다. 정리의 진술에는 유클리드와 피타고라스 또는 아르키메데스의 목소리가 메아리치고 있을 것이다. 이것은 마치 러시아 인형 마트료시카를 열 때처럼 보이지 않는 논리 조각을 찾기 위해 하나하나 시간을 거슬러 올라가는 것과 같다. 그녀가 평생 살면서 수학만큼 꼭 끌어안은 학문은 없었다. 그 안에서 그녀는 아무것도 잃어버리지 않았고, 거기엔 그녀의 모든 것이 남아 있다. 한편, 분명한 사실이 있다. 정리theorem는 사람들이 만드는 것으로, 각각의 정리에는 그들만의 두려움과 행복의 이야기가 있고, 수년간 함께 한 사람들 또는 자신들도 모르는 사이에 중요한 순간을 함께 건너온 사람들의 흔적이 남는다. 우리는 각자 자기 경력의 함수function이며, 종종 그 결과로 자신만의 아이디어와 인간성이 나타난다. 과연 이처럼 얽히고설킨 상황들을 풀어서 우리 생각과 정체성을 이루는 기본 원자들이 무엇인지 밝힐 수 있을까? 에미가 발표한 정리의 살이 된 건 바로 에미 그녀의 삶이다.

그렇게 1921년, 수학자가 독창적인 결과물을 내기엔 너무 늦은 나이라고 하는 서른아홉에 그녀는 역사상 가장 영향력 있는 작품 중 하나를 만들어 낸다. 국제학술지 《수학 연감》에 실린 「환에서의 아이디얼 이론Idealtheorie in Ringbereichen」, 그 안에는 힐베르트와 리하르트 데데킨트[3]의 정신과 업적이 담겨 있으며, 그들로부터 거슬러 올라가는 더 오래된 계보를 확인할 수 있다. 하지만 그 논문에는, 영어 선생님이 아닌 수학자가 되고 싶었고, 미소를 잃지 않고 프리드리히 알렉산더 에를랑겐-뉘른베르크 대학 교실의 칠판을 꼼꼼히 바라보던 여학생의 심장을 뛰게 한, 새로운 아이디어

3) 데데킨트(Richard Dedekind, 1831~1916). 독일 수학자로 해석학과 대수적 수론의 기초를 놓았다. 「대수적 정수론에 대하여」(1879)라는 논문에서 '아이디얼(ideal)'을 정의했는데, 아이디얼은 주어진 정수의 모든 배수로 이루어진 집합을 말한다.

도 들어 있다. 42쪽의 논문에서 처음 펼쳐지는 개념들 속에는 클라인이 내민 도움의 손길과 피셔와 나눈 엽서들 또한 들어 있으며, 절대 빼놓을 수 없는 어머니의 죽음과 아픈 남동생도 들어 있다. 불과 3년 전에 세상을 떠난 그녀의 또 다른 남동생, 알프레드도 그 안에 있다. 알프레드는 그녀에게 호의적이지 않았던 대학의 첫 수업에 함께 가 주었었다. 만일 예리한 눈을 가진 사람이라면, 흠잡을 데 없는 추론의 행간에서 의구심으로 가득한 아침과 오후, 끝날 것 같지 않은 의심의 밤들 그리고 한 번도 망설인 적 없는 한 가족의 결단력을 볼 수 있을 것이다. 아니, 어쩌면 그녀의 작업에 기록되지 않은 것들은 우리가 볼 수 없는 편이 더 나을지도 모르겠다. 아무튼 에미 뇌터의 정상 등정은 1921년에 시작된다. 그리고 12월 중순, 이 세상에서 최고로 멋진 아버지인 막스 뇌터는, 그가 항상 믿었던 대로 에미가 수학자로 우뚝 서는 것을 분명하게 목격하고는, 에를랑겐의 집에서 평화로운 죽음을 맞는다.

1921년 무렵은 놀라운 수확의 시기이다. 에미는 마흔이 넘은 수학자들에게는 상상할 수 없는 최선의 성과를 내고 있으며, 여전히 활발하고 날카롭다. 그녀는 절대 나이의 굴레에 갇히지 않는다. 그녀의 제자들, '에미의 아이들'은 그녀를 우상처럼 우러러보는데, 누군가는 과장한다고 느낄지도 모르지만 그녀는 모든 걸 삶으로 증명한다. 한번은 이런 일도 있었다. 1914년에 젊은 수학자인 쿠르트 헨트젤트Kurt Hentzelt가 전쟁에 나가게 되면서 《수학 연감》에 보내려던 논문을 마무리하지 못한 것이다. 그리고 안타깝게도 그는 전쟁에서 사망하고 만다. 그녀는 그의 미완성 작품을 마치 어린 쿠르트의 몸인 양 끌어안아 진흙을 닦아 내고, 모양을 바꾸며 손질한 다음 《수학 연감》에 낼 준비를 한다. 그 결과, 그 사망한 군인의 연구물은 「전쟁에서 사망한 K. 헨트젤트의 소거 이론에 관한 작업Über eine Arbeit des im Kriege gefallegen K. Hentzelt zur Eliminationstheorie」이라는 제목으로 세상에 나왔다. 그 이야기는 여기에서 끝나지 않는다. 그녀는 그의 생각을 신중하게 정리하다가 새로운 길을 발견하고, 이를 따라가다 새로운 결과를 얻는다. 그래서 그녀는 제자의 논문 작업을 열심히 하면서 자신의 논문도 써 나간다. 하지만 비슷한 시기, 그녀의 제자이자 젊은 동료인 판 데어 바르던Bartel Leendert van der Waerden도 헨트젤트의 연구물을 읽게 되었다. 그리고 그는 자신의 위대한 스승과는 별개로 여기에 매달려서, 그녀와 비슷한 생각을 하고 비슷한 결론을 얻게 된다. 그런데 그녀가 먼저 수업 시간에 이와 관련한 논문 계획을 말했고, 누군가 당시 스물한 살 소년이었던 판 데어 바르던에게 그 이야기를 전한다. 스승인 에미는 이미 《수학 연감》에 낼 수 있을 정도로 논문을 거의 완성한 상태였다. 하지만, 그녀는 자신의 제자인 바르던도 그것에 대한 논문을 준비하고 있고, 그녀보다 먼저 하지 못해서 낙담하고 있다는 말을 전해 듣는다. 결국 그녀는 과감하게 자신의 논문을 철회하고, 그에게 논문 게재를 양보한다. 그녀는 조금도 망설이지 않고, 자녀처럼 키운 제자가 노력을 인정받을 수 있도록 기회를 준다. 바르던은 아직 박사 논문을 제출하지 않은 상태였다.

신나는 음악을 틀어 보자. 당연히 독일 음악이고, 마지막으로 트는 명랑한 음악이 될 것이다. 괴팅겐은 그녀에게 했던 모든 약속을 지키고, 그녀의 산책을 반긴다. 태양은 다시는 경험할 수 없을 그 세대의 동료애를 활짝 비춘다. 수학을 하기에 좋은 시절이다. 학자들은 휴전을 즐기며 이상 세계 건설에 전념하는 것처럼 보인다. 지금은 1932년으로 에미 뇌터가 막 취리히에 도착했다. 이곳에서 국제 수학자 대회가 열리기 때문이다. 세계의 수학자들은 4년마다 만나서 서로의 안부를 묻고 서로의 존재를 확인한다. 그들은 서로를 부러워하고 존경하며 불변의 진실들에 대한 지식을 솔직하게 나눈다. 그렇게 4년마다 수학자들의 사망도 집계되고, 학문의 진행 상황이 드러난다. 이렇게 수학은 과학이라기보다는 삶의 방식에 가깝다. 여기에는 아무도 빠질 수 없고, 할 말이 있으면 그곳에서 해야 한다. 에미는 4년 전에도 힐베르트와 함께 볼로냐에서 열린 국제 수학자 대회에 참석했었다. 그때 이미 그녀는 수학계에서 존경받는 수학자였기 때문이다. 기조연설자 명단을 보니 너무 놀랍다. 회의 섹션마다 그리스 신이나 중국 황제들의 이름처럼 엄숙하게 불리는 이름들이 있다. 스테판 바나흐Stefan Banach, 에밀 보렐Émile Borel, 엘리 카르탕Élie Joseph Cartan, 자크 아다마르Jacques Hadamard, 바츠와프 프란치셰크 시에르핀스키Wacław Franciszek Sierpiński, 귀도 푸비니Guido Fubini, 헤르만 바일Hermann Weyl, … 그리고 그들 사이에 에미 뇌터도 있다. 하지만 올해는 다른 해와 다르다. 에미는 한 섹션의 강연자로 취리히에 온 게 아니다. 1932년, 그녀는 역사상 여성으로는 처음으로 국제 수학자 대회에서 기조 강연을 했다. 그녀는 드디어 '무거운 기관'과 천하무적인 기관의 관성을 이겼다. 그것도 요란한 소리나 폭력적인 주먹이 아닌, 재능과 확고한 의지만으로 드디어 그 자리까지 왔다. 전성기에 있는 수학계의 엘리트들은 수학을 하는 새로운 방식을 창시한 그녀의 강연에 참석하여 박수를 보낸다. 〈가환대수 및 정수론과 초복소수 체계의 관계Hyperkomplexe Systeme in ihren Beziehungen zur kommutativen Algebra und zur Zahlentheorie〉라는 제목의 강연이었다.

수학자 사회가 가장 분명하게 드러나는 순간은 아마도 국제 수학자 대회ICM일 것이다. 4년마다 개최되는 이 대회에서는 1936년부터 수학 분야의 상 중 가장 유명한 필즈상Fields Medal(대회당 최대 4개)이 수여된다. 에미 뇌터가 1932년 취리히 국제 수학자 대회에서 기조 강연을 했다는 사실은 역사상 중요한 이정표이다. 이후 다른 여성이 국제 수학자 대회에서 기조 강연자가 되기까지는 거의 60년이 걸렸다. 수학계에서 모든 것을 이룬 **캐런 울런벡**Karen Uhlenbeck이 놀랍게도 국제 수학자 대회에서 두 번째 기조 강연을 한 여성이다. 20세기 동안 수학계에서 여성의 발전은 크게 뚜렷하지 않았고, 어떤 면에서는 너무 느렸다. 1990년 도쿄 국제 수학자 대회에서 한 캐런 울런벡의 강연 제목은 〈위상수학에서 비선형 해석학의 응용Applications of non-linear analysis in topology〉이었다. 캐런 울런벡은 모든 일에서 그녀가 얻는 것 이상으로 높은 성취를 보여야 한다는 사실을 늘 의식했고, 그녀는 그것을 해냈다.

분명 그녀는 20세기 후반과 21세기 전반에 걸쳐 가장 중요한 수학자로 꼽힌다. 그녀는 기하학적 해석학geometric analysis의 창시자 중 한 명이고, 자신의 전공 분야 및 다른 분야와의 관계에 중요한 공헌을 했다. 그녀는 미국의 여러 수준 높은 대학에서 정교수로 있었는데, 에미 뇌터는 엄두도 내기 어려웠던 프린스턴 고등연구소The Institute for Advanced Study의 객원 교수로도 있었다. 그녀는 수학자, 특히 여성 수학자의 롤모델로서의 자신의 역할을 늘 생각했고, 수학계 전반에서 여성의 존재감을 높이기 위해 적극적으로 노력했다. 그리고 그러한 존재감이 특별히 똑똑하거나 용감하거나 투사이거나 또는 포기해야만 할지라도 자신에게 닫힌 통로를 열기 위해 무엇이든 할 수 있는 사람들에게만 국한되지 않도록, 그녀는 늘 싸웠다. 또한, 그녀는 자신이 뛰어났던 학문 영역만이 아니라, 모든 영역에서 국제적으로 활동하는 자연스러운 여성의 존재를 위해 늘 애썼다.

그녀는 2019년에 수학 분야에서 가장 중요한 상인 아벨상The Abel Prize을 수상했다. 이 상은 수학계에서는 노벨상에 가장 근접한 상이다. 여성이 들어가지 못한 수학 영토 중 하나이기도 했다. 하지만 그녀는 이 상이 만들어진 2003년 이래 여성으로는 최초로 아벨상을 수상했다. 또한, 미국에서 국가 과학 훈장National Medal of Science을 받았으며, 하버드와 프린스턴, 미시간 대학 등에서 명예박사 학위를 받았고, 20세기 말 그 어떤 수학자들보다 뛰어난 수학자로 인정받았다. 그녀는 한 시대의 종말로서 아벨상 수상의 의미를 누구보다 잘 알고 있었다.

캐런 울런벡과 함께 빛을 발한 여성이 있으니, 바로 국제 수학 연맹International Mathematical Union, IMU의 초대 회장이었던 **잉**

그리드 도브시 Ingrid Daubechies이다. 캐런 울런벡과 마찬가지로 그녀는 20세기 개척자들처럼 이전의 수학자들이 거의 하지 못했던 일을 해냈다. 그녀는 응용 수학을 연구했는데, 캐런 울런벡이 기조 강연을 하고 4년 뒤, 취리히에서 열린 차기 국제 수학자 대회에서 기조 강연자로 섰다. 이번에는 60년을 기다릴 필요가 없었다. 울런벡과 마찬가지로 그녀는 현대 수학의 우수성을 대표하는 인물이다. 또한, 가장 뛰어난 사람들에게만 주는 상과 영예를 얻었다.

이 두 훌륭한 여성이 모든 것을 성취했다고 해서 모든 게 이루어졌다는 뜻은 아니다. 상이나 책임 있는 자리처럼 수학계에서 깨야 하는 상징적 장벽이 거의 없어진 지금은, 천재나 유명인이 아닌 평범한 상황에서 수학을 연구하는 일상의 존재들에게 초점을 맞추어야 한다. 캐런 울런벡은 불완전한 사람들의 성공에 대해 자주 이야기한다. 다른 사람들과 함께 일하는 걸 어려워했고 늘 그런 어려움을 극복해야 했던 그녀는, 우리의 불완전한 지점이 바로 다른 사람들과 더 쉽게 만날 수 있는 장소임을 잘 알고 있다.

캐런 울런벡

Karen Uhlenbeck

1942~

출처: https://www.maa.org/book/export/html/134828)

이 수학자는 20세기와 21세기의 물리적 개념에 숨어 있는 수학적 놀라움을 추출하는 법을 누구보다도 잘 알았다. 캐런 울런벡은 가장 수학적인 이론물리학에서 절대 빼놓을 수 없는 연구자로, 그녀의 작업은 이론물리학의 기본을 이룬다.

울런벡의 연구는 수학적으로 매우 치밀하고 난이도가 높기 때문에 여기서 요약하기가 어렵다.

게이지 이론(gauge theory), 솔리톤(soliton), 순간자(instanton), 양-밀스 이론(Yang-Mills theory), 위상수학 또는 올 다발(fiber bundle)은 서로 관련되어 있으며, 모두 그녀가 연구한 주제들이다.

그녀는 솔리톤과 곡면기하학(geometry of surface)의 관계를 다룬 논문을 썼다. 「솔리톤의 기하학(Geometry of solitons)」, *Notices of the American Mathematical Society*, vol. 47(2000)

- 솔리톤은 공간에 존재하는 일종의 파동인데, 비선형 효과로 인해서 약해지거나 사라지지 않는다.

- 수영장에서 팔라코 솔리톤(falaco soliton)을 만들 수 있다. 평평한 쟁반을 수영장 표면에 수직이 되도록 세워서 잡고 수직을 유지하면서 물 위를 수평으로 밀어 주면 된다. 마치 입자처럼 물을 통과하는 소용돌이가 어떻게 형성되는지 관찰해 보자. 이것은 1차원 솔리톤이 될 것이다.

- 아래 그림이 1차원 솔리톤이다. 뾰족하게 솟은 부분이 X축을 따라 변형되지 않고 이동한다고 생각해 보자.

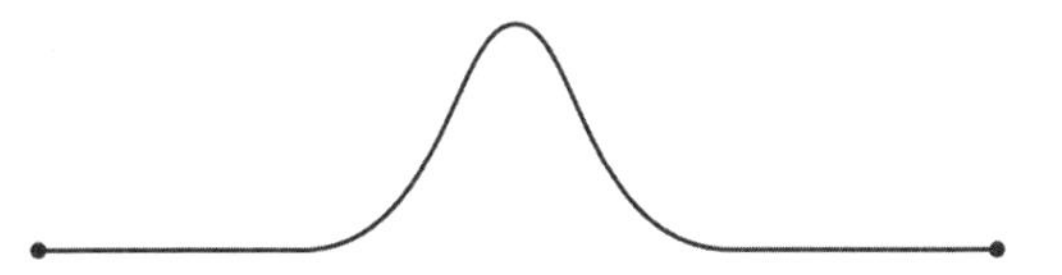

- 솔리톤의 흥미로운 특성은 서로 포개질 수 있다는 것이다. 즉, 두 개의 솔리톤이 있을 때 문자 그대로 하나가 다른 하나를 통과하고, 아무 일도 일어나지 않은 것처럼 진행해 간다.

- 솔리톤의 이런 속성은 코테베그-드 브리스 방정식(KdV equation) 또는 사인-고든 방정식(sine-Gordon equation)과 같은 물리 방정식에 나타난다. 이러한 방정식들은 물질의 양자 연구, 양자장론(quantum field theory)[1] 등에서 볼 수 있다. 그래서 솔리톤이 중요하다.

- 울런벡은 솔리톤과 면의 기하학 사이의 관계를 많이 연구했다. 솔리톤은 변형되지 않는 교란이므로 기하학적 용어로 정의할 수 있는데, 각 솔리톤은 각각의 곡면에 해당한다. 이처럼 솔리톤은 기하학적 형태로 표현된다.

- 그녀는 순간자와 최소 곡면(표면적이 최소가 되는 곡면) 간의 관계를 이해하는 데도 도움을 주었다. 예를 들어, 최소 곡면은 비누 거품을 이루는 곡면이다.

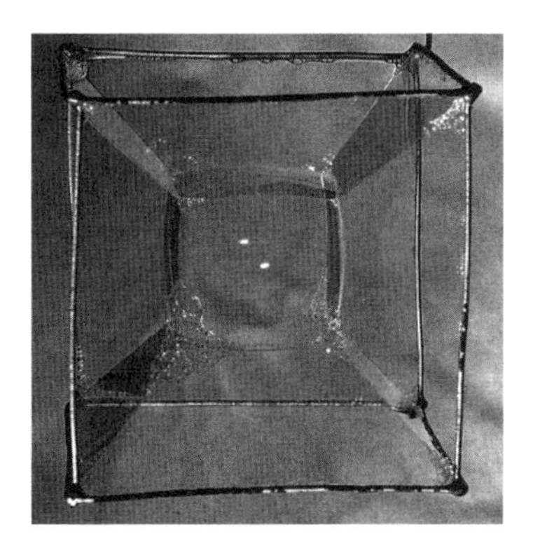

- 단순하게 말하면, 순간자는 4차원의 솔리톤이며, 블랙홀, 자기 홀극(Magnetic monopole)[2] 등과 관련이 있다.

- 순간자는 게이지 이론의 모든 곳에서 나타나는데, 울런벡은 그것을 최소 곡면과 관련시키는 방법을 개발했다. 캐런 울런벡은 에미 뇌터의 정리에서 비롯된 작업을 확장했다고 말할 수 있다.

- 위대한 캐런 울런벡은 수리물리학에서 전체 학풍을 만들었고,

수학계에서 여성의 역할을 지원하며 흥미로운 삶을 살고 있다.

마지막으로, 그녀가 에미 뇌터에 대해서 하는 이야기를 듣는 것보다 더 좋은 건 없을 것이다.
〈https://www.youtube.com/watch?time_continue=226&v=Ca7c5B7Js18〉.

캐런 울런벡, 정말 감사해요.

참, 울런벡은 2019년에 아벨상을 수상한 최초의 여성이다.

1 장(field)을 양자역학적으로 다루는 이론 체계.
2 홀극(N극이나 S극만 가짐) 꼴의 자기장을 만드는 가상의 물질 또는 입자.

잉그리드 도브시

Ingrid Daubechies

1954~

잉그리드 도브시, 2005년
출처: https://commons.wikimedia.org/wiki/File:Ingrid_Daubechies_(2005).jpg

잉그리드는 물리학자로 시작해서 이후에 수학자가 되었으며, 국제 수학 연맹(IMU)의 첫 여성 회장이었다.

그녀는 수학과 물리학과 공학의 중간 영역인 웨이블릿(wavelet)[1]의 위대한 여인이라고 할 수 있다. 웨이블릿은 신호를 푸는 데 도움이 되는 도구로, 어떤 의미에서는 신호를 분리하는 데 쓰인다.

신호 및 데이터 처리를 위한 유사한 도구는 이미 있었는데, 푸리에 급수(Fourier series) 또는 푸리에 변환이 그것이다. 푸리에의 경우, 급격한 변화가 없는 주기적인 신호(수학적 함수)는 사인(sin)과 코사인(cos)으로 표현할 수 있다. 다시 말해서, 서로 다른 주기의 다른 파동을 갖는 모든 종류의 곡선을 (매우 복잡해 보일지라도) 재현할 수 있다.

웨이블릿은 (사인이나 코사인 같은 파형을 지닌) 함수와 스케일 함수로 구성되어 있어서 더 다양하다.

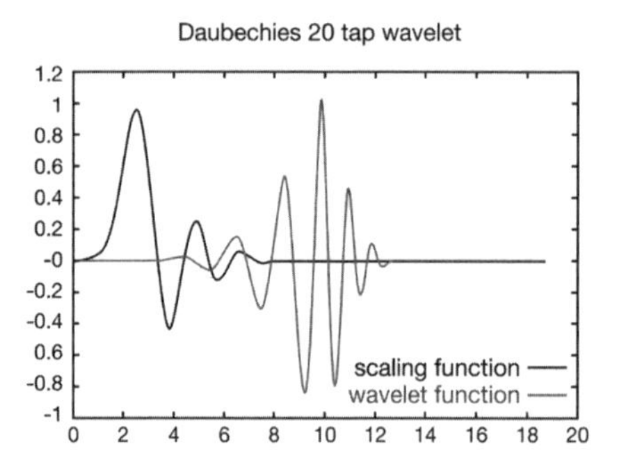

출처: 〈https://es.wikipedia.org/wiki/Archivo:Daubechies12-functions.png〉

도브시는 계산을 단순하게 만드는, 서로 직교하는 것과 같은 성질이 있는 여러 웨이블릿 집단을 정의했다.

푸리에 변환에서는 신호를 사인과 코사인으로 분해할 수 있으며, 적당한 개수의 항들을 사용하여 전체 신호를 원하는 정밀도로 재구성할 수 있다. 만일 그 재구성이 더 정확하길 원한다면, 그 분해에 더 많은 항을 추가하면 된다.

웨이블릿은 신호가 주기적이지 않고 통제할 수 없을 정도로 변동이 심할 때 적합하다. 신호를 받아 웨이블릿으로 잡음을 제거하는 것이다. 그러면 신호를 분해하여 몇 개의 수로 정리할 수 있다. 즉 전체 신호가 적은 개수의 수들로 간추려진다.

사진과 음악 또는 모든 종류의 데이터로 이 작업을 할 수 있다. 신호를 분해하는 몇 개의 웨이블릿을 알고 있으면, 그 신호를 아주 훌륭하게 재구성할 수 있기에 매우 유용하다. 얼마 안 되는 수들만으로 가능하다! 따라서, 적은 양의 데이터로 신호를 나타낼 수 있다. 신호를 압축하는 것이다.

- 도브시의 웨이블릿들은 새로운 JPEG2000 이미지의 표준으로 사용되며, 이전 JPEG보다 훨씬 더 효과적이다.

- 도브시는 반 고흐의 위작을 가려내기 위해 자신의 웨이블릿들을 사용했고, 원작과 위작의 웨이블릿 코드가 다르다는 것을 확인했다.

- 도브시의 연구는 오늘날 데이터 압축, 이미지 및 음악 엔지니어링, 빅데이터 등에 필수적이다.

- 이미지와 소리의 신호를 통달한 위대한 여인. 고마워요, 잉그리드.

---

1 진폭이 0을 중심으로 증가와 감소를 반복하는 파동 같은 진동으로, 정보 및 신호 처리에 쓰인다.

8

체계

System

많은 사람이 볼 때 에미는 대하기 쉬운 사람은 아니다. 그녀는 다수가 따르는 형식을 지키지 않아서 사람들을 불편하게 하기도 하고, 예리한가 하면 서툴다. 이런 것들은 그녀가 그러기로 작정해서가 아니라 습관 때문이며, 변하지 않을 것처럼 보인다. 하지만 그녀가 비범한 수학자라는 사실은 의심의 여지가 없어서, 그 사실이 묘하게도 이 모든 것들에 대한 판단을 부드럽게 만든다. 그녀는 수학적으로 탁월한 수준에 있으며, 누구도 그 사실을 부정할 수 없다(어떤 이들은 부정하고 싶겠지만). 그러다 보니 달갑지 않은 부자 친척을 맞아야 하는 것 같은 성가신 일이 생긴다. 마음에도 없는 동료애를 보이고 우월감을 드러내기 위해 등을 두드려 주려고 애쓰는 사람들을 대해야 하는 것이다. 에미는 큰 목소리와 다양한 몸짓으로 대화하는 활기찬 여성이다. 그녀는 그닥 웃기지 않는 말에도 박장대소하는데, 이건 웃으려고 맘을 먹어서라기보다는 무의식적인 반응이다. 그녀는 설득하기 어려운 사람이고, 자기 생각을 격렬하게 표현하며 논란의 여지를 거의 남기지 않는다. 그렇다고 오해하지는 말자. 그녀가 독단적이거나 경직된 사람은 아니다. 이것은 표면적인 인간관계만 유지하는 사람들에게 그녀가 자신을 드러내는 방식일 뿐이다. 사실, 이런 사람들이 거의 대부분이긴 하지만.

비범한 지적 능력을 가진 그녀는 자신이 항상 옳다고 느낀다. 하지만 누군가가 용기와 인내심을 갖고 좋은 의견을 내놓으면 기꺼이 받아들일 준비가 되어 있다. 사춘기 시절 수줍고 조심성 많던 소녀는 이제 내면에 자기 확신을 가진 여성이 되었다. 그녀는 모든 사회적·과학적·학문적 벽을 견디고 뛰어넘었다. 때로는 사회적 관습도 그녀를 막지 못한다. 그녀의 부주의가 오만함으로 해석되어 때때로 사람들을 불편하게 만들기도 하고, 때론 이런 모습들 때문에 그녀의 친절과 선량함이 가려지기도 한다. 가끔은 선을 넘는 버릇없는 아이처럼 보일 때도 있다. 그런가 하면, 그녀는 다정하고 과장해서 말하기도 하는데, 그런 그녀의 태도는 스스로도 억제하기 어려운 내면의 창조적인 힘에서 오는 것이다.

1920년대 말과 1930년대 초는 에미 뇌터가 과학적 성취를 이루는 시기이다. 그녀는 앞으로 계속 사용하게 될, 수학을 연구하는 방식을 세우는 일에 이바지한다. 그녀는 현대 대수학의 기초가 될 아이디어를 제시하고, 앞으로 수십 년 동안 수학자들이 매일 사용할 개념들을 구축한다. 한편, 그녀의 조국인 독일은 폐허가 되었고, 전쟁 후 나타난 비관주의와 굴욕은 분노로 변했다. 매일 수백만 명의 독일인이 식량 부족과 불면증으로 고통을 겪으며 느끼는 분노다. 그 분노는 구체적으로 대화 속에서 증오 발언으로 나타나고, 증오는 갈수록 더 격렬해진다. 이성이 힘을 잃고 폭력이 담론을 장악한다. 이것이 곧 행동으로 이어질 게 뻔하다. 독일 전역과 마찬가지로 괴팅겐에서도 이에 대한 우려와 조심스러움이 점점 더 두려운 무언가를 만들고 있다. 이웃들과 학생들에 대한 두려움, 동료들에 대한 두려움, 자기 자신에 대한 두려움까지 말이다. 에미도 그것을 알지만, 중요하게 여기지 않는다. 아마도 그것은 자신이 무엇이든 할 수 있다고 느끼는 전능감의 또 다른 표현일 것이다. 친절하기만 하면 모두 괜찮을 거라는 어린아이와 같은 생각이다.

어떤 증오는 그 특성이 어떤 식으로든 공유되어야만 이해할 수 있다. 그리고 그것과 싸우거나 그것을 지지하려면, 그 증오의 그림자가 실제 모양을 갖추어야 한다. 에미는 그 증오가 독일에서 자라나고 있는 체념의 자식이자, 치욕의 손자임을 알지 못한다.

그녀의 본성이 증오와 거리가 멀기 때문이다. 그녀는 그것을 보지 않기 때문에, 위협도 느끼지 않는다. 많은 독일인은 이 새로운 증오가 너무 비상식적이며, 너무 놀랍고 과장되고 터무니없어서 실제로 어떤 해를 끼칠 거라고는 상상조차 못 한다. 하지만 그 증오는 곧 모든 이들에게 영향을 끼칠 것이다. 증오는 그러한 행동에 반응하는 능력을 억누르고, 증오가 증오를 확산시킬 것이기 때문이다. 그런 사실을 알아채는 사람은 거기에 가담해서 공범자이자 행동대장이 되거나 또는 희생자가 된다. 하지만 이것을 알아채기란 너무 어렵고, 대응은 늘 너무 늦다…. 알 수 없는 죄책감이 괴팅겐 거리를 마비시키고 어둡게 만든다. 소수의 비명이 대다수가 듣지 못하는 곳에 드리운 침묵의 그림자를 밝힌다. 가득 쌓인 재가 목구멍을 막고, 그리하여 지금 거부하지 못한 것을 나중에 한탄하며 울게 될 것이다. 에미는 이런 정치적 상황을 외면하지 않고 사회 민주주의와 연합한다. 그러다 러시아를 구성하기 시작한 공산주의에 눈을 돌린다. 하지만 대학에서 허용되는 유대인 비율이 정해지기 시작하자 그녀도 두려움을 느낀다. 그녀는 한 학생 집단이 란다우[1] 교수의 집에 교수대 그림을 그렸다는 난감한 소

1) 에드문트 란다우(Edmund Landau, 1877~1938). 유대계 독일 수학자로 1909년에 힐베르트의 추천으로 괴팅겐 대학의 수학 교수가 되었다. 나치당이 집권했을 때 나치 사상에 동조하던 학생들이 그의 수업을 조직적으로 방해했으며, 결국 강제 해임당했다.

식을 듣는다.

이 모든 일에도 불구하고 일상은 계속된다. 그녀는 집세를 내고, 빵을 사고, 비가 내리면 서두르거나, 햇빛을 즐기기 위해 발걸음을 늦추고, 늘 멈춰 서서 대화를 한다. 또, 종종 아버지를 떠올리기도 하는 등 이전과 똑같이 보이는 날들이 많다. 그러던 어느 오후 화요일, 펠릭스 클라인이 죽자 에미는 태어나기 전부터 그녀의 삶에 가장 확실한 영향을 준 사람이 사라졌다는 사실에 허전함을 느낀다. 이제 그녀는 매일 괴팅겐 대학 수학 연구소에 나가고, 마침내 이 일은 일상이 된다. 클라인의 오래된 프로젝트는 그의 후계자인 리하르트 쿠란트가 이어 나간다. 여전히 괴팅겐은 수학 세계의 중심이고, 에미는 괴팅겐의 유명 인사 중 한 명이다. 그녀는 마치 다른 지역에서 다른 시간대를 살기라도 하는 것처럼, 최근 몇 년 동안에 수학자로서의 정체성을 손에 넣는다. 수학을 공부하려고 마음먹었지만 허락되지 않았던 어린 시절부터 차곡차곡 쌓아 온 정체성이다. 에미는 수학자이다. 그녀가 사는 세상이 거대한 어둠을 준비하는 동안, 에미 뇌터는 수학의 구조를 바꾸고 있다. 공책과 칠판, 무질서한 설명, 학생들과 나누는 대수학에 관한 토론을 통해, 그녀는 앞으로 다가올 수세기 동안 수학의 중심이 될 것을 매일매일 만들어 간다. 몇 년 전 그녀는 물리학과 수학을 연결하는 선을 정확하게 그렸다. 이제 그녀는 예상하지 못했던 방식으로 새로운 선을 창조하면서, 이전에 직관적으로만 존재했던 형식들을 만들고 있다.

그녀에게는 많은 여행 기회가 생긴다. 사람들은 괴팅겐에 가서 그녀의 수업을 듣는 것만으로는 부족하다고 생각한다. 여러 곳에서 강의 요청이 들어오고, 그녀는 파벨 알렉산드로프[2]가 초청한 모스크바 대학에서 강의한다. 숙소에서는 그가 사 준 안락의자에 앉아 시간을 보내고, 그와 이야기하며 웃는다. 행복한 시간이다. 그녀는 모스크바라는 도시에 매력을 느끼고, 그곳의 질서와 공산주의 체계화에 깊은 인상을 받는다. 에미는 프랑크푸르트에서도 강의한다. 프랑크푸르트 대학은 에미를 교수로 초청하지만, 단기간만 머무는 방문 교수일 뿐이다. 또 다른 곳에서도 그녀에게 관심을 보인다. 그러나 그녀는 괴팅겐에서 자신의 학생들, 즉 '에미의 아이들'과 함께하는 것이 더 좋다. 그녀는 자신의 집에서 학생들과 교수들이 어울리며 함께 모든 것을 토론하는 수학 파티 같은 모임을 만든다. 에미는 에를랑겐에서 아버지의 식탁에 둘러앉아 대화를 나누던 그 즐거운 분위기를 재현하고, 그곳을 그녀만의 강력한 개성으로 가득 채운다. 이렇게 우리는 다른 사람들과 함께하기에 존재할 수 있다. 힐베르트는 나이가 들었고, 20세기 초기에

2) 파벨 알렉산드로프(Pavel Aleksandrov, 1896~1982). 러시아의 수학자로 집합론과 위상수학에 공헌했다. 1923~1924년 괴팅겐을 방문하여 에미 뇌터의 수업을 들었다.

수학을 책임지던 그가 은퇴하자 그의 자리는 헤르만 바일에게 맡겨진다. 바일은 에미의 부끄러운 직업 환경을 안타까워하며, 그녀가 제대로 된 대우를 받을 수 있도록 계속 노력한다. 하지만 의미 있는 개선은 이루어지지 않고, '무거운 기관'은 미래의 시선에 자신의 어리석은 모습을 드러낸다[3].

한편, 그녀는 계속해서 수학의 세계를 만들어 가고 있다. 차근차근 이야기해 보자. 에미 뇌터는 수학의 지도를 수정하는데, 이전에 몇몇 사람이 연구한 것을 바탕으로 그녀가 세운 추상 대수학을 중앙에 배치한다. 세계의 문명들이 이야기 속에서 두려움과 성공을 구현하는 신화를 만들어 내는 것처럼, 수학자들은 다양한 이야기 속에 논리적 사고의 풍경을 담는다. 수학은 매우 다양하고 풍부한 학문으로, 넓은 영역에서 다양한 대상을 다룬다. 즉, 기하학과 미적분, 정수론, 논리학, 위상수학, 확률 등은 역사를 거듭하면서 수학이라는 거대한 건축물에 대한 우리의 이해도가 높아짐에 따라 계속해서 발전해 왔다. 물론 시대의 관심사는 변하고, 관련 문제나 저명한 인물의 노력에 따라 별로 관심받지 못했던 분야가 새로운 활력을 얻기도 한다. 반대로 어떤 분야는 모두의 관심

3) 에미 뇌터는 끝내 정교수가 되지 못하고 특별 교수로서 형편없는 급여를 받다가 1933년에 유대인이라는 이유로 직무 정지 처분을 받는데, 이러한 사실을 표현한 문장이다.

을 받다가 이후에 조용한 역할을 맡기도 한다. 그리스인들이 집중했던 기하학은 19세기 위대한 프랑스 수학자들이 관심을 가졌던 것과 다르고, 리만과 힐베르트가 만든 기하학도 아니었다. 물론 여러 분야가 합쳐져서 위대한 정리와 중요한 결과를 얻을 때도 많다. 수학자들은 이런 것을 좋아한다. 그들은 멀리 떨어져 있는 것처럼 보이는 공간들 사이에 아직 확인하지 못한 연결들이 있다는 걸 알고 있다. 그리고 때때로 우리는 그 영역 중 하나에서 뭔가가 새롭게 탄생하는 것을 지켜본다. 물론 그것들이 처음부터 완벽할 수는 없지만, 다른 방식이나 새로운 영역임을 보여 줄 정체성은 충분히 지니고 있다.

에미 뇌터는 추상 대수학에 빛을 비추었고, 추상 대수학은 20세기 동안 전 세계 수학에서 중심적인 역할을 했다. 그녀의 동료인 에밀 아르틴[4]은 이 새로운 방식을 기록하고 체계화해야 한다고 생각했다. 누구든 현대 대수학의 매뉴얼을 쓰고자 한다면, 아르틴의 아이디어와 특히 에미의 아이디어를 정리해야 할 것이다. 이 새로운 나무에게는 이미 뿌리를 내리고 자랄 만한 장소도 있었다. 에미가 직접 그것을 쓰진 않을 것이다. 에밀 아르틴은 '에미의 아이들' 중 한 명이자 그녀가 가장 아끼는 판 데어 바르던의 도움

4) 에밀 아르틴(Emil Artin, 1898~1962). 오스트리아 태생의 독일 수학자로 추상 수학의 선구자.

을 받아 이 일을 시작한다. 물론 그녀도 만족한다. 바르던은 체계적이고 예리하며 아르틴의 가르침과 그녀의 가르침을 잘 소화해서 글을 쓸 수 있는 사람이기 때문이다. 그리고 무엇보다도 그는 그들이 하는 일의 중요성을 잘 알고 있다.

대학의 칠판을 바라보던 외로운 소녀는 이제 역사에서 소수의 사람들만이 할 수 있는 성취를 이루고, 수학계의 중심에 우뚝 서 있다. 수학자 사회도 그것을 알고 있다. 그녀는 국제 수학자 대회에서 기조연설을 한다. 같은 해인 1932년에는 아르틴과 함께 수학 발전에 이바지한 공로로 라이프치히로부터 아커만-토이브너 상Ackermann-Teubner Prize을 받았다. 그녀는 침대에 누워 잠들기 전, 그 만족감을 즐겨본다. 에미는 사람들이 쏟아 낸 “넌 할 수 없어”, “넌 들어올 수 없어”, “한 번도 그렇게 한 적은 없어”라는 말을 단 한 번도 귀담아듣지 않았다. 그녀를 제한하려는 그 어떤 말도 그녀는 듣지 않았다.

그러자 히틀러가 목소리를 높이기 시작한다.

많은 여성들이 경력을 쌓아 가는 환경은 여전히 불합리하다. 에미 뇌터는 오로지 여성이라는 이유만으로 자신의 가치에 걸맞은 학력이나 직업 또는 직위를 갖기가 힘들었다. 에를랑겐에서도, 괴팅겐에서도, 미국에서도 마찬가지였다. 에미 뇌터나 소피야 코발렙스카야처럼 뛰어난 능력과 성품을 지닌 여성들의 사례에서 보이는 이런 불공평함은 일상에서 수없이 많이 일어나는 불공평함 중 밖으로 드러난 모습일 뿐이다. 때때로 진보는 비범하고 눈에 띄며 특이한 사례에서 비롯되는 것도 사실이다. 그러한 사례는 대다수가 움직이는 영역에서 더 깊은 변화를 불러일으킬 수 있기 때문이다.

이란의 **마리암 미르자하니**Maryam Mirzakhani는 2014년에 여성으로서는 최초로 필즈상을 받고, 여러 분야에서 활동하면서 수학계의 아이콘이 되었다. 필즈상은 아벨상과 쌍벽을 이루는, 수학계에서 가장 중요한 상이다. 필즈상은 몇 가지 특징이 있는데, 먼저 국제 수학자 대회에서 4년마다 수여된다. 또한 수학에 뛰어난 공헌을 한 최대 네 명에게만 수여되고, 수상자는 40세 미만의 젊은 수학자로 제한하고 있다. 1936년, 처음으로 필즈상을 받은 수학자는 제시 더글러스Jesse Douglas와 라르스 알포르스Lars V. Ahlfors였다. 이후 몇 년간 중단되기도 했지만, 지금까지 50명 이상의 수학자들이 이 상을 받았다. 20세기 수학계에서 가장 위대한 학자에는 나이가 어린 필즈상 수상자들이 포함되는데, 그 명단에는 장피에르 세르Jean-Pierre Serre와 마이클 아티야Michael Atiyah, 알렉산더 그로텐디크Alexander Grothendieck 그리고 젊은 천재 테런스 타오Terence Chi-Shen Tao가 들어 있다. 거기에 여성으로는 유일하게 마리암 미르자하니가 들어간다.

필즈상 수상자들이 아주 어린 나이에 대단한 수학적 업적을 이루다 보니, 마치 이때가 수학 활동에 적합한 때처럼 보이기까지 한다. 어쨌든 젊은 신동들은 많았고, 마리암 미르자하니도 그들 중 하나였다. 그녀는 모든 면에서 조숙했고, 아주 어린 나이부터 눈에 띄었다. 이란에서 태어난 그녀는 전국 수학 올림피아드에서 우승했고, 나라 대표로 국제 대회에도 출전했다. 그리고 거의 완벽에 가까운 점수(42점 만점에 41점)로 금메달을 땄다. 이듬해에는 만점을 획득하고 두 개의 금메달을 획득했다. 그녀는 이란에서 공부하다가 미국으로 이주해서 하버드 대학에서 박사 학위 논문을 발표했다. 하지만 이렇게 훌륭한 경력을 이어 가던 중에 필즈상과 암이 함께 찾아왔다. 그것도 둘 다 마흔 전에. 그녀는 최근 몇 년간 과학계 여성의 아이콘이었다. 물론 처음부터 아이콘이 되려고 하는 사람은 없다. 아이콘이 될 만한 이유를 직접 이야기하는 사람은 이미 아이콘이 아니다. 하지만 천재를 갈망하고 뛰어난 사람을 동경하는 이 세계에서, 그녀는 모든 것을 다 가졌다. 심지어 죽음까지 빨리 맞게 되었다. 때때로 죽음은 강렬한 불빛들을 재빨리 데려가고, 그 반짝임을 영원히 남긴다.

그녀는 20세기의 개척자들이었던 여성 수학자 그룹의 마지막 일원이었다. 이들은 차츰차츰 상과 기조연설, 사회와 단체의 관리자 역할이라는 상징적인 거점까지 도달했다. 그들은 모두 훌륭하고 비범한 여성이자 수학자였고, 대부분 자신만의 성과를 이룰 만한 탁월함을 지니고 있었다. 덕분에 많은 발전이 있었다. 에미 뇌터가 겪은 어려움의 시간은 오래전에 사라졌다. 에미는 최고의 수학자였고, 그런 영예는 얻었지만, 가르치고 연구하기에 적합한 위치인 대학 교수 자리는 얻기 힘들었다. 오늘날에는 어떤 면에서 기존 질서가 확연하게 무너졌다. 이것은 일상생활의 구조, 에미 뇌터를 억눌렀던 그 오랜 관성의 변화를 의미하기 때문에 더욱 중요하다. 이제는 여성이 학생이나 교사로서 교실의 자리를 차지하기 위해 반드시 탁월하거나 뛰어나게 훌륭하거나 투사가 될 필요는 없다. 하지만 수상자가 되는 건 다르다. 이곳에는 아직도 변화가 필요하고, 그런 변화가 일어나야 이런 비대칭이 완전히 끝날 것이다.

마리암은 1977년 이란에서 태어난 수학자로, 전 스탠퍼드 대학교 교수였다. 그녀는 2014년에 필즈상을 수상했는데, 여성이 이 권위 있는 상을 받은 건 그녀가 최초였다.

그녀의 수상 내용은 아래 사이트를 참고하라[1].
〈https://www.mathunion.org/fileadmin/IMU/Prizes/Fields/2014/news_release_mirzakhani.pdf〉

마리암은 리만 곡면 이론과 이 이론의 매우 특별한 측면을 이해하는 데 막대한 공헌을 했다. 리만 곡면은 2차원 곡면으로, 매우 아름다운 형태를 하고 있다.

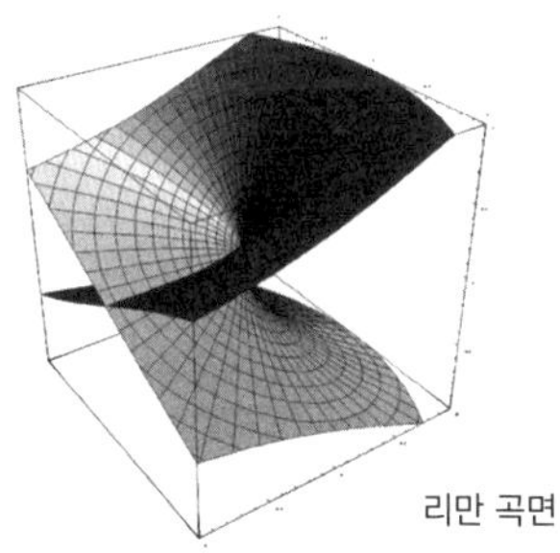
리만 곡면

이런 곡면은 곡면이 지닌 구멍의 개수에 따라 분류할 수 있는데, 구멍의 개수를 종수(genus)라고 한다. 따라서 종수를 g라고 하면, g=0, g=1, g=2 등의 곡면이 있을 수 있다.

g=0인 단순구

종수는 리만 곡면의 위상적 특성이다. 우리는 곡면을 연속적으로 변형시킬 수 있지만, 종수는 변하지 않는다. 따라서 종수를 위상적 불변량이라고 한다. 곡면을 계속해서 변형시키는 것만으로는 구멍을 더 만들거나 없앨 수 없기 때문이다. 그러므로 곡면을 변형시켜 다양한 기하학적 형태를 만든다 해도, 위상은 동일하다(즉, 종수가 같다).

리만 곡면은 2차원이므로 두 개의 숫자 (x, y)로 곡면의 점을 결정할 수 있다. 재미있는 사실은 리만 곡면이 복소수 구조를 허용한다는 것이다. 즉, 리만 곡면의 점들을 복소수로 정의할 수 있다.

복소수 z=x+iy로 쓴다. 여기서 i는 $i^2=-1$(제곱하여 음수가 되는 수)을 만족하는 허수이고, x는 실수 부분이며 y는 허수 부분이다.

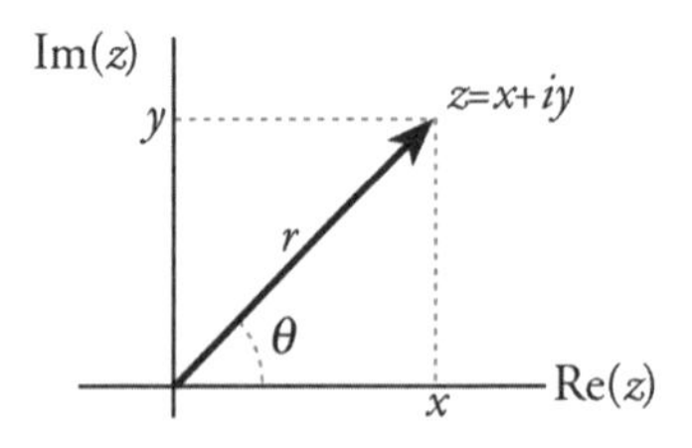

따라서 리만 곡면은 두 개의 실수 차원(x, y) 또는 하나의

복소수 차원(z)으로 정의할 수 있다. 리만 곡면(2차원 실수)을 복소 대수곡선(1차원 복소수)으로 이해할 수 있는 것이다.

- 대수 곡선은 실수에서 다항식 f(x, y)=0으로부터 얻어진다. 그러니까, 예를 들면 $x^2+y^2-r^2=0$ 같은(r은 임의의 수), 특정 관계를 만족하는 모든 점(x, y)로부터 얻은 곡선이다.

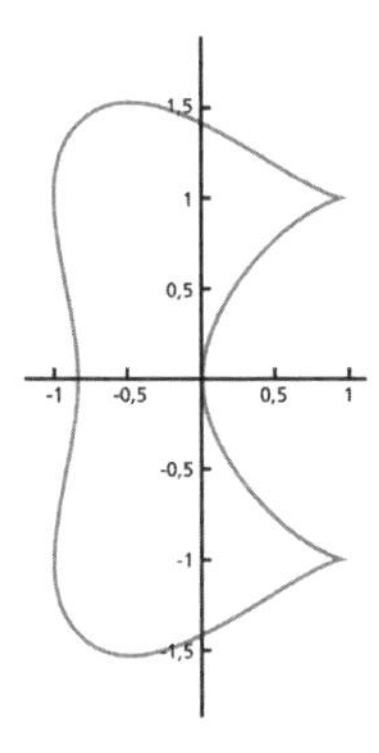

출처: 〈https://commons.wikimedia.org/wiki/File:Bicuspid_curve.svg〉

- 복소수의 경우, 그것은 다항식 f(z)=0이 된다. 따라서 리만 곡면의 복소해석학은 복소 다항식의 특성 연구로 바꾸어 이해할 수 있고, 이는 개념적으로 문제를 쉽게 만든다.

- 리만 곡면에서 닫힌 측지선(closed geodesics)을 찾는 문제는 중요한 주제이다.

- 측지선은 주어진 공간에서 최대 또는 최소(극단) 길이가 되는 곡선으로, 지구의 자오선이나 멀리 떨어진 두 도시 사이를 이동할 때 비행기가 따라가는 궤적과 같다. 예를 들어, 마드리드에서 뉴욕으로 갈 때 우리는 극에 가깝게 지나간다. 비행기가 측지선을 따라 비행하기 때문이다.

- 그런데, 주어진 길이 L보다 짧은 길이를 갖는 닫힌 측지선의 수는 대략 $(e^L)/L$이 된다는 정리가 증명되었다. 이 정리는 닫힌 측지선에 대한 소수의 정리로 알려져 있다. 특정 숫자 L 미만의 소수가 점근적으로 이와 똑같은 형태로 움직이기 때문에 그렇게 명명되었다.

- 마리암 미르자하니는 측지선끼리 교차하지 않을 때, 길이 L 미만에서 찾을 수 있는 닫힌 측지선의 개수를 추론했다. 다시 말해서, 마리암은 서로 교차하지 않는, 단순 닫힌 측지선(simple closed geodesics)의 개수가 어떻게 변하는지 연구했고, 그 해답은 $c \times L^{(6g-6)}$이었다. 여기서 g는 측지선이 있는 곡면의 종수이고, c는 곡면의 기하학적 형태에 따라 다르다.

- 이 문제는 계산이 매우 어려웠지만, 그녀는 방법을 찾았다. 그녀가 쓴 방법은 리만 곡면의 모듈라이 공간(moduli space)[2]에서 계산하는 것이었다. 이런 맥락에서, 모듈라이 공간은 각 점이 종수 g인 곡면에 대응 가능한 기하학적 공간이다.

- 위상학적 관점에서 볼 때 모듈라이 공간과 리만 곡면은 모습이 같지만, 즉 둘 다 종수가 2이지만, 그들의 기하학은 다르다.

- 종수가 g인 곡면은 6g-6가지 방법으로 변형할 수 있다(변형 매개 변수=모듈라이 공간의 차원).

- 나중에 마리암은 이 작업을 개선하기 위해 사교(斜交, symplectic) 기법들을 사용했다.

- 사교기하학(symplectic geometry)[3]은 기하학을 보는 방식 중 하나로,

작업 공간의 부피는 계산할 수 있지만 길이는 계산할 수 없다. 맞다, 사교 공간(symplectic space)에서는 부피가 어느 정도인지는 알지만, 얼마나 긴지는 말할 수 없다. 인생도 마찬가지이다.

- 사교기하학은 물리학의 기본이다. 고전역학(해밀턴 역학)을 정당화하는 구조이기 때문이다.

- 마리암은 리만 곡면의 모듈라이 공간에서 사교적 부피(symplectic volume)가 단순 닫힌 측지 곡선의 수와 관련 있다는 사실을 발견했다.

- 마리암의 연구는 변화하는 리만 곡면 기하학의 동적 거동을 살피는 것으로 확장되는데, 여기서 그녀는 카오스 거동을 발견했으며, 이러한 결과는 초끈이론(superstring theory)[4]의 기본이 될 수 있다.

- 안타깝게도 그녀는 2017년 7월 14일에 암으로 세상을 떠났다. 위대한 정신은 너무 빨리 우리 곁을 떠났다.

- 고마웠어요, 마리암.

---

1 기하학 난제로 꼽히는 '모듈라이 공간'을 새롭게 해석한 공로로 수상했다.
2 특정한 기하학적 대상을 매개하기 위해 만들어진 공간으로, 모듈라이 공간의 각 점은 어떤 공간족의 각 원소와 대응한다.
3 사교 다양체(symplectic manifold)라는 고차원 공간을 정의하여 물체의 움직임을 기술하고 그 성질을 연구하는 분야. 뉴턴 역학을 재구성한 해밀턴 역학의 기하학적 구조를 연구하는 분야로, 고전역학에서 양자역학으로 넘어가는 과정에 기여했다.
4 우주를 구성하는 최소 단위를 끊임없이 진동하는 끈으로 보는 이론.

9

향수병
Heimweh

지금은 1933년 5월 10일이다. 에를랑겐에 폭우가 내리고 있고, 대학은 텅 비었다. 이 비가 내리지 않았다면, 독일의 대학 도시들이 책을 태우는 날에 에를랑겐도 참여할 수밖에 없었을 것이다. 하지만 이틀 후, 체념한 듯 고요한 하늘 아래 에를랑겐에 있는 프리드리히 알렉산더 대학에 첨탑이 세워지고, 그 앞에서 유대인 작가, 마르크스주의 작가, 평화주의 작가 또는 1월 이후 히틀러가 지휘하는 정권을 마음에 들어 하지 않은 사람들의 책이 불에 탄다.

괴팅겐에서는 생각의 낙원인 수학 연구소가 보호벽을 잃는다. 에미는 더 이상 투명인간으로 있을 수 없다. 그녀는 유대인이며 평화주의자로서, 사회민주당과 마르크스주의자들에 대한 호감을 숨기지 않는다. 무엇보다, 그녀는 여성이다. 책들이 불타기 2주 전인 1933년 4월 26일, 이 '마르크스주의 삶의 철학을 가진 유대인 여성'은 직무 정지 처분을 받는다. 하지만 그녀는 자신이 처한 위험을 완전히 깨닫지는 못한다. 그녀는 잃을 것이 많지 않다고 느낀다. 설 수 있는 강단도 없고, 재산도 적다. 그녀에게 허락되지 않았던 것들을 잃는 법은 결코 없을 것이다. 그 순간에도 그녀는 한 발짝 물러서서 기다리며, 이 순간의 광기가 지나갈 거라고 확신한다. 하지만 그녀의 주변은 세계 다른 지역에서 그녀에게 알맞은 자리를 찾아 주기 위해 긴박하게 움직이고 있다. 독일에서 한 번도 가져본 적이 없는 자리를 말이다. 물론 독일 밖에서도 결국 갖지 못할 것이다. 모스크바에서 시도하고 옥스퍼드가 원하지만 이루어지지 않는데, 재정이 부족했던 것 같다. 물론 미국에서도 쉽지 않다. 미국 대학들은 많은 요청을 받고 있지만, 제한이 있다. 주요 대학들은 여전히 유대인 쿼터제를 유지하고 있기 때문이다. 그런 쿼터제가 없는 프린스턴은 유력한 목적지로 보인다. 때마침 아인슈타인도 막 그곳에 도착한 참이었다. 그는 일 년 내내 온 유럽을 다니며 자신의 자리를 찾는 한편, 여러 나라 정부가 독일에서 도피하거나 추방된 유대인 과학자들을 받아 주도록 힘을 썼다.

10월에 에미도 미국으로 떠나지만, 그녀는 여전히 독일을 바라보며 곧 돌아갈 거라는 희망을 품는다. 그래서 그녀는 괴팅겐에 있는 집에 가구를 모두 남겨 두고, 짐도 일부만 챙기며 "필요 없어요. 곧 예전 상황으로 돌아갈 거고, 금방 괴팅겐으로 돌아올 거예요"라고 말한다. 이 여행은 더 길긴 하지만, 예전에 모스크바나 프랑크푸르트에서 한 계절 머무르던 것과 비슷하다고 그녀는 생각한다. 그녀는 프린스턴까지 가지 않고, 그곳과 가까운 브린 마르 대학에 머문다. 브린 마르 대학은 여자 대학으로, 여성이 박사 학위를 받을 수 있는 최초의 고등교육 기관이며, 이후 수십 년 동안 많은 저명한 여성들의 모교가 될 곳이다. 여기에도 펠릭스 클라인의 손길이 닿아 있는데, 이곳 수학과 학장은 30년 전에 클라인이 괴팅겐 대학의 문을 열어 줬던 미국인 중 한 명인 안나 휠러Anna Wheeler다. 에미의 탈출한 동료들이 최고 수준의 연구 및 과학 환경이 있는 프린스턴 고등연구소로 향하는 동안, 에미는 휠러 부인과 부서의 환영을 받는다. 네 명의 교수와 다섯 명의 학생은 무엇을 하게 될지 모르는 저명한 독일인을 환영하기 위해 최고의 미소를 지어 보인다. 하지만 그들은 추상 대수학에 대해 들어 본 적이 없다. 낯선 분야를 들은 그들은 침묵과 환영의 미소 속에서 애써 실망을 숨기려고 노력한다. 그녀가 영어를 할 수 있을까? 무엇에 익숙할까? 이곳에서 가르치는 일에 적응할 수 있을까? 에미는 미소를 지으며 아름답고 잘 가꾸어진 대학의 복도와 정원을 지난다. 그녀는 예전에 헤르만 바일이나 에밀 아르틴, 리하르트 쿠란트 및 판 데어 바르던과 대화를 나누던 괴팅겐 대학의 복도, 물리학자들과의 만남, 힐베르트나 에드문트 란다우와의 산책 등을 상상해 본다. 하지만 그들은 그곳에 없다, 그곳에는 아무도 없다.

독일이 두려움의 담화를 발표하며 전쟁 속으로 가라앉고 있는 동안에도, 그녀는 몇 년간 잘 살아왔다. 괴팅겐의 오아시스 안에서는 나라에서 벌어지는 일에 대한 징후가 덜 분명했고, 더욱이 수학은 매우 흡입력이 강하고 몹시 중요해서 모든 것을 잊게 만들었다. 그리고 현실은 어떤 면에서 반드시 있어야 하는 것과 그럴 필요가 없는 것들이 완벽하게 공존하는 것처럼 보인다. 수학에는 매우 어려운 문제들이 있는 게 사실이지만, 수학자들은 조금씩 그것들을 풀고, 문제의 가장 깊은 본질을 이해한다. 어떻게든 분명해지고 그래서 모든 것이 타당해질 때까지. 모순이 있는 것처럼 보였던 곳에서 모순이 사라지고, 모호함이 다시 논증되고, 논리의 복잡한 구조가 명확해지면 각각의 조각들이 저절로 제자리를 잡는다. 왜 독일의 상황은 다른 걸까? 상황들이 매우 어렵다. 사실이다. 불합리가 앞서가고 마치 계속 그런 상태로 있겠다고 위협하는 것만 같다. 그러나 우리는 독일인이 합리적이고 교양 있는 민족임을 알고 있다. 우리가 사는 현대 세계에서는 극심한 민족주의와 인종주의가 그리 큰 의미가 없다는 걸 잘 알고 있다.

브린 마르는 아기자기한 곳으로, 사람들은 매우 친절하고 에미를 아주 잘 대해 준다. 심지어 이제 그녀는 프린스턴에서 가르치기 시작했다. 그녀는 일주일에 한 번 프린스턴 고등과학원에 간다. 그곳은 여전히 남성을 위한 공간이지만, 그녀가 속한 곳이기도 하다. 그녀는 듣고 이해하고 자극받을 수 있는 그 환경에서 다시 숨을 쉰다. 그녀는 그곳에서 자신을 잘 찾기 시작했기에, 모스크바의 대수학 교수직을 받아들일 마음이 없다. 나중에, 아마도 더 시간이 지난 후에는 그런 마음이 생길지도 모르지만 말이다. 에미는 항상 독일로 돌아가고 싶은 마음이 굴뚝 같기 때문에, 그것이 나쁜 선택이 아니라는 확신이 있었다.

그녀는 여름이 되어 독일로 돌아간다. 괴팅겐의 집에서 물건들을 정리하고, 에밀 아르틴도 만나며, 가족 중 남아 있는 몇몇을 방문한다는 이유로…. 하지만 그녀에게 정말로 필요한 건 불과 두 해 전 그녀가 행복해하던 거리를 걷고, 수학 연구소의 벽에 남아 있는 대화의 메아리를 다시 듣는 것이다. 결국은 향수병이 그녀를 그곳으로 이끌었다. 향수병(독일어로는 하임베Heimweh)이라는 말은 집에 가고 싶은 고통을 뜻한다. 에미는 항상 두려움 없이 앞을 내다보고, 유용함이 검증된 일종의 무의식적인 낙관론에 늘 기대 왔다. 동시에 그녀는 괴팅겐에서 수년간 진짜 집을 지었다. 돌과 창문으로 지어진 집은 아니지만, 다른 집과 마찬가지로 그것은 삶이라는 단어가 진정한 의미를 얻은 순간들로 이루어졌다. 그녀는 그 장소를 그리워하는 게 아니라, 그 생활을 갈망한다. 건물과 거리의 이름들을 보는 순간 그 산책들이 떠올라서 고통스럽다. 1934년 그녀는 괴팅겐의 유령 도시를 걸으면서 여전히 핏속에 흐르는, 그 거리가 생생하게 환기시키는 젊은 시절의 추억을 떠올리며 눈물 흘린다. 그녀는 자신의 기억이 고집일 뿐이라는 것을 보여 주는 현실에 익숙하지 않지만, 그것을 인정해야 한다. 더는 예전의 괴팅겐이 존재하지 않는다는 사실을 받아들여야 한다. 펠릭스 클라인은 죽었다. 예전의 독일도 없고, 1932년은 더는 존재하지 않는다. 1932년의 에미 뇌터도 더 이상 존재하지 않는다. 그녀는 비어 있는 공간이 희망을 위한 게 아니라 패배의 결과라는 새로운 형태의 현실을 이해해야 한다. 이제 집의 문을 닫고, 러시아행을 택한 남동생과 마지막 인사를 해야 한다. 애도해야 할 폐허들도 얼마 남지 않았다. 벽과 거리의 이름은 그대로지만, 이제는 전혀 의미가 없다. 왜냐하면 그것들은 이미 그 누구도 의미하지 않기 때문이다.

만일 우리가 미래에서 누군가의 삶의 마지막 몇 년 또는 몇 달간을 지켜본다면, 그것이 마지막이라는 것을 알기 때문에 아마도 엄숙하게 바라볼 것이다. 그 사람도 어떤 방법으로든 자기 삶이 얼마 남지 않았다는 사실을 알았다면, 다른 마음가짐으로 살았을 거라고 생각한다. 그처럼 우리는 그녀에게 이제 하던 일을 마무리하고 성품과 업적을 응축해서 설명하는 요약본을 내놓으라고 요구한다. 하지만 늘 그러기엔 너무 늦고, 게다가 그건 어리석은 말이다. 그녀가 다시 브린 마르로 돌아와서 올가 타우스키-토드를 만났고, 그녀의 오랜 적인 기존 질서와 다시 맞서 싸울 필요성을 느꼈다는 것 외에 우리가 뭘 더 알아야 할까? 굳이 그녀가 패배감과 희망 중 뭘 더 느꼈는지를 궁금해해야 할까? 그녀가 독일에서 돌아왔을 때, 우울했는지 용기백배였는지, 그녀의 성격이 바뀌었는지를 알고 싶은 병적인 관심은 우리에게 아무런 도움이 되지 못한다. 만일 늘 미소를 짓던 그녀에게서 약간의 변화가 보였다면, 그건 내적 패배감의 기미였을 것이다.

차라리 이제는 우리가 많은 것을 알게 된 이 여성이 독일에서 돌아와서 며칠 후, 병명을 진단받고 생각을 추스르기 위해 공원 나무 앞에 앉아 있다고 상상하는 게 더 도움이 될 것이다. 그녀가 혼자 일어나서 수술 준비를 위해 집으로 갈 때 우리가 그 길을 동행한다는 느낌은 슬프지만 아름답다. 우리는 그 순간에 대해서 전혀 모른다. 하지만 적어도 수학계에서 가장 위대한 이 여성이 자신의 마지막 날을 알면서도, 마지막이 아닌 것처럼 살았을 거라는 건 충분히 상상할 수 있다.

다른 분야나 다른 시대의 업적들과 확실하게 비교하는 건 어렵겠지만, 에미 뇌터는 항상 위대한 과학자이자 가장 뛰어난 여성 중 한 명일 것이다. 그럼에도 불구하고, 그녀는 일반 대중, 심지어 많은 과학자와 수학자들 사이에서도 잘 알려지지 않았다. 아마도 수학계에 노벨상이 있었다면 적어도 그녀가 한두 번은 수상했을 거고, 지금은 마리 퀴리만큼이나 유명해졌을 것이다. 하지만 에미 뇌터는 그런 명예를 얻지 못했다. 그나마 그녀에 대한 몇몇 전기가 출간되어 그녀와 그녀의 업적에 대한 세부 정보들을 확인할 수 있게 되었다. 여러 명의 여성 수학자나 과학자들을 소개하는 책이나 수학 역사책에도 그녀가 들어가 있다.

★ 이 특별한 여성을 계속 만나고 싶다면 다음 책들도 보길 권한다.

『에미 뇌터, 이상적 수학자(Emmy Noether, matemática ideal)』,
다비드 블랑코 라세르나(David Blanco Laserna), Tres Cantos: Nivola, 2005: 이 책은 포괄적이며 잘 정리된 그녀의 전기이다. 많은 역사적·문화적 참고 문헌을 바탕으로 잘 쓰인 책이다.

『에미 뇌터의 삶(Vida de Emmy Noether)』, 에디트 파드론(Edith Padrón), Madrid: Eila, 2010

★ 그 외 모음집

『여성 수학자들과 남성 수학자들(Matemáticas y matemáticos)』,
호세 페레이로스(José Ferreirós), 안토니오 두란(Antonio Durán) (eds.), Sevilla: Universidad de Sevilla, 2003

『알려지지 않은 위대한 여성 수학자들(Mujeres matemáticas: las grandes desconocidas)』, 아멜리아 베르데호 로드리게스(Amelia Verdejo Rodríguez), Vigo: Universidade de Vigo, 2017
『여성 수학자들, 13개의 수학, 13개의 거울(Mujeres matemáticas, trece matemáticas, trece espejos)』, 마르타 마초 스타들러(Marta Macho Stadler)(coord.), Boadilla del Monte: SM, 2018
『여성 수학자들(Mujeres matemáticas)』, 호아킨 나바로(Joaquín Navarro), Barcelona: RBA, 2019

★ 다음 책은 에미 뇌터의 정리를 완전히 이해하기 위한 매우 포괄적인 내용을 담았다(단, 전문적인 내용임).

『에미 뇌터의 놀라운 정리(Emmy Noether's Wonderful Theorem)』, 드와이트 E. 노이엔슈반더(Dwight E. Neuenschwander), Baltimone: The John Hopkins University Press, 2011

▶▶▶ 국내에서 출간된 본격 에미 뇌터 전기는 지금까지 없었다. 따라서 이 책은 한국어로 된 첫 에미 뇌터 전기이다. 부분적으로 그녀의 이야기가 포함된 책은 다음과 같다. _편집자

『내가 사랑한 수학자들』, 박형주 지음(푸른들녘, 2017)
『달콤한 수학사4』, 마이클 J. 브래들리 지음, 배수경 옮김(지브레인, 2017)
『대칭과 아름다운 우주』, 리언 레더먼, 크리스토퍼 T. 힐 지음, 안지민 옮김(승산, 2012)
『과학혁명의 지배자들』, 에른스트 페터 피셔 지음, 이민수 옮김(양문, 2002)

에미 뇌터 연표

1882년	3월 23일, 독일 에를랑겐에서 탄생.
1900년	프리드리히 알렉산더 에를랑겐-뉘른베르크 대학(이하 '에를랑겐 대학')에서 어학, 역사학, 수학 과목 청강.
1903년	괴팅겐 대학에서 겨울학기 수학 과정 청강. 힐베르트와 클라인의 수업을 들음.
1904년	에를랑겐 대학이 여학생 입학을 허가하자, 정식 수학 전공 학생으로 등록.
1907년	12월, 에를랑겐 대학에서 파울 고르단의 지도로 「삼변수 쌍이차형식의 완전한 불변식 체계에 관하여」라는 박사 학위 논문 제출.
1908년	최우수 논문으로 선정되며 박사 학위 받음. 논문이 학술지 《순수수학 및 응용수학》에 게재됨. 아버지 막스 뇌터를 대신해 에를랑겐 대학에서 강의함(1908~1915).
1910년	고르단 후임으로 온 에른스트 피셔와 교류.
1914년	7월, 제1차 세계대전 발발.
1915년	「유리 함수의 체와 시스템」 논문을 《수학 연감》에 발표. 아인슈타인이 일반 상대성 이론 발표. 괴팅겐으로 자리를 옮겨 힐베르트와 함께 연구함.
1918년	오늘날 '뇌터의 정리'로 불리는 내용이 담긴 논문 「불변량의 문제」 발표. 11월, 제1차 세계대전이 독일의 항복으로 끝남.
1919년	사강사 지위를 얻음. 자신의 이름으로 강좌 개설하고 강의.

1921년	추상 대수학의 시작을 알리는 논문 「환에서의 아이디얼 이론」 발표. 이후 이 논문을 포함하여 아이디얼 이론에 대한 15편의 논문 발표.
1923년	계약 교수직으로, 적은 금액의 봉급을 받기 시작함.
1928년	방문 교수로 러시아 모스크바 대학에서 강의함.
1929년	「다원량과 표현론」 논문을 이탈리아 볼로냐 학회에서 발표. 이 논문을 포함해서 1927년~1935년까지 비가환 대수에 관한 13편의 논문 발표.
1930년	프랑크푸르트 대학 방문 교수.
1932년	오스트리아 수학자인 에밀 아르틴과 함께 아커만-토이브너상 수상. 9월, 스위스 취리히에서 열린 세계 수학자 대회에서 기조연설 〈가환대수 및 정수론과 초복소수 체계의 관계〉
1933년	1월, 히틀러 집권. 4월, 괴팅겐 대학 교수 자격 박탈. 브린 마르 대학으로 자리를 옮김.
1934년	여름 괴팅겐에 다녀감.
1935년	4월 14일, 53세로 미국에서 사망. 《수학 연감》에 에미 뇌터의 생애와 연구를 기리는 장문의 기사가 실림. 《뉴욕 타임스》에 아인슈타인의 추모 글이 실림.

인물 색인

어나더 사이언티스트는
도서출판 세로의 새로운 과학자 시리즈입니다

과학자의 대명사인 뉴턴과 아인슈타인은 사람들이 생각하는 과학자의 모습과 과학의 이미지에 큰 영향을 끼쳤습니다. 과학자는 비범한 천재로 엄청난 업적을 남긴 위인이며, 과학은 그런 천재들의 일이거나 그들이 발견한 자연법칙이라는 생각입니다. 과학과 과학자에 대한 이런 고정된 인상은 과학 연구를 일상생활과는 무관한 동떨어진 활동으로 여기게 합니다. 과학자들 역시 우리와 마찬가지로 구체적인 시공간을 살았던 한 사람이라는 것을 잊게 만듭니다.

과학은 문화의 일부로, 과학 발전은 분명 인간 활동의 결과입니다. 거기에는 슈퍼스타 같은 몇몇 천재 과학자들의 업적뿐만 아니라 하루하루 성실하게 자신의 연구를 수행한 많은 과학자들의 노력과 크고 작은 기여도 들어 있습니다. 또한 연구실과 실험실에서 이루어지는 과학 활동 외에 과학자 개인이 생활인으로 살면서 경험한 모든 것이 녹아 있습니다.

어나더 사이언티스트는 과학자의 삶을 일상생활에서 오려 내 업적 중심으로 매끈하게 다듬어 보여 주기보다 구체적이고 생생한 삶을 살았던 한 인간으로서 과학자의 모습을 담아내려 합니다. 또한, 과학사에 커다란 족적을 남겼음에도 불구하고 아직 국내에 제대로 소개되지 않은 과학자들, 과학 문화 및 제도 등 다양한 측면에서 과학 발전에 기여한 인물들, 그리고 자신만의 방식으로 과학자의 길을 걷고 있는 지금 여기의 과학자들을 소개하려 합니다. 그렇게 과학자를 일상의 존재로 데려오는 일은, 과학을 우리 삶과 더 가까이 살아 있게 만들고 과학 문화를 더욱 풍성하게 만들 것입니다.

근간

『나는 어떻게 물리학자가 되었나』(가제) 최무영, 김영기, 김현철, 오정근, 정명화 지음

『측정에 뼈를 묻다』(가제) 이승미 지음

★ 어나더 사이언티스트 시리즈는 계속 출간됩니다

식물 심고 그림책 읽으며 아이들과 열두 달　이태용 지음

반려식물이라는 말을 널리 알린 원예교육가이자
작가인 이태용의 신작 에세이

“책에는 원예의 역사와 여러 나라의 원예 문화, 풀과 나무와 꽃이 인간에게 주는 기쁨도 담겨 있다. 마음에 상처가 있거나 소외감을 느끼던 아이들이 원예 활동을 하면서 스스로 마음을 여는 모습은 가슴 뭉클하다. 가정에서, 유치원과 학교에서 꼭 한 권씩 비치하고 수시로 참조하면 좋겠다.” _ 엄혜숙(그림책 전문가, 번역가)

- (사)어린이와 작은도서관협회 추천
- 교보문고 ‘작고 강한 출판사의 색깔 있는 책’ 선정
- 한국농업방송NBS투데이 ‘문화산책’ 추천

이제라도! 전기 문명　곽영직 지음

전통 농경사회에서 태어나 AI 시대를 사는
얼리어답터 물리학자의 세대 공감 전기 문명 강의!

“전자기학의 기본 이론에서부터 전자공학의 최신 기술에 이르기까지 과학과 기술의 많은 내용을 다루면서도 흡사 소설처럼 술술 읽히고 흥미롭게 전개되어 전공 분야 교수인 필자조차 읽는 내내 ‘아!’ 하면서 머릿속의 상식이 하나씩 늘어 가는 즐거움을 느낄 수 있었다.”
_ 정종대(한국기술교육대학교 전기전자통신공학부 교수)

- 책씨앗 청소년 추천도서

태양계가 200쪽의 책이라면　김항배 지음

200쪽으로 구현한 태양계 모형이자 태양계의 핵심
정보와 최신 지식을 갈무리한 우주시대 필독서!

“거대한 태양계를 한 권의 책에 오롯이 담았다. 이것은 비유가 아니다. 책을 읽는 동안, 페이지가 된 공간을 지나 삽화가 된 행성을 둘러보며 색다른 우주여행을 즐기게 된다. 기발한 기획과 탄탄한 내용의 멋진 책이다.” _ 김상욱(경희대학교 물리학과 교수)

- 제61회 한국출판문화상 편집 부문 본심
- 고교독서평설 편집자 추천도서
- 과학책방 ‘갈다’ 주목 신간
- 행복한 아침독서 ‘이달의 책’
- 경기중앙도서관 추천도서
- 책씨앗 ‘좋은책 고르기’ 주목 도서

원병묵 교수의 과학 논문 쓰는 법　원병묵 지음

네이처 자매지인 《사이언티픽 리포트》 편집위원을
지낸 성균관대 원병묵 교수의 쉽고 친절한 과학
논문 쓰기 안내서

“더할 것보다 뺄 것이 더 많은 유학생의 가방에서 누군가 꼭 챙겨야 할 것을 묻는다면 고민 없이 이 책을 추천할 것이다. 논문 작성의 시작부터 단락마다 고려할 사항들을 단계별로 꼼꼼하게 짚어 주고 있어 1:1 맞춤 과외를 받으며 논문을 쓰는 기분이다.”
_ 유보람(베를린대학교 물리학과 석사 과정)

“자유 주제의 산출물 보고서나 과학탐구 보고서를 작성해야 하는 중·고등학생들에게도 유용한 책이다.”
_ 김미영(가천대학교 과학영재교육원 주임 교수)

- 연세대, 한림대, 서울대, 울산대, 부산대, 제주대, 현대경제연구원 등에서 저자 초청 강연

냄새: 코가 뇌에게 전하는 말

A. S. 바위치 | 김홍표 옮김

냄새와 후각의 본질을 과학적 철학적 역사적
심리학적으로 본격 탐구한 책!

“<기생충>의 후반부에서도 드러나듯 인간의 기억이나 감정, 집단적인 무의식을 가장 강력하게 뒤흔드는 것이 바로 냄새-후각이다. 이 책은 그토록 위력적인 냄새의 본질을 깊이 있게 파헤친 흥미로운 역작이다!”
_ 봉준호(영화감독)

“냄새 지각, 행동과 감정을 이끄는 후각의 의식적 무의식적 영향, 그리고 우리가 어떤 냄새를 어떻게 맡는지 결정하는 신체적 행동적 세부사항에 대한 풍부한 정보와 논의를 담았다. 이를 통해 후각의 심리학에 대한 폭넓은 통찰력을 제공한다.” _ 사이언스

“활기차다! 정통 학자의 신뢰할 만한 역작! 소외되었던 냄새와 후각의 지위를 회복하는 책.” _ 월 스트리트 저널

- 교보문고 ‘작고 강한 출판사의 색깔 있는 책’ 선정
- 고교독서평설 편집자 추천도서
- 과학책방 ‘갈다’ 주목 신간
- 경향신문, 한겨레, 교수신문, ibric 등 언론의 주목